燃机自主运维检丛书

Practical Guide for Heavy Duty Single Shaft Gas Turbine Overhaul Operations-Taking PG9351FA as An Example

重型单轴燃气轮机大修作业实践指导

——以 PG9351FA 型为例

华能南京燃机发电有限公司 编

中国水利水电出版社
www.waterpub.com.cn
·北京·

内 容 提 要

本书以通用电气 9FA 燃气轮机检修内容为主体，介绍了影响燃气轮机维修周期因素和设备寿命分析、燃气轮机检修周期与策略、燃机大修作业指导、燃气轮机大修步骤、燃气轮机重大事故防范技术措施等方面，涵盖了通用电气 9FA 级燃气轮机日常检修维护的主要注意事项和标准方法，希望能够对燃气轮机自主检修工作的开展提供借鉴和支持。

本书可供各燃机电厂运行、检修及生产管理人员参考。

图书在版编目（CIP）数据

重型单轴燃气轮机大修作业实践指导 : 以PG9351FA型为例 / 华能南京燃机发电有限公司编. -- 北京 : 中国水利水电出版社, 2024.3
（燃机自主运维检丛书）
ISBN 978-7-5226-1297-3

Ⅰ. ①重… Ⅱ. ①华… Ⅲ. ①燃气轮机－检修 Ⅳ. ①TK478

中国国家版本馆CIP数据核字(2023)第029076号

书　　名	燃机自主运维检丛书 **重型单轴燃气轮机大修作业实践指导** **——以 PG9351FA 型为例** ZHONGXING DANZHOU RANQI LUNJI DAXIU ZUOYE SHIJIAN ZHIDAO——YI PG9351FA XING WEILI
作　　者	华能南京燃机发电有限公司　编
出版发行	中国水利水电出版社 （北京市海淀区玉渊潭南路 1 号 D 座　100038） 网址：www. waterpub. com. cn E - mail：sales@mwr. gov. cn 电话：(010) 68545888（营销中心）
经　　售	北京科水图书销售有限公司 电话：(010) 68545874、63202643 全国各地新华书店和相关出版物销售网点
排　　版	中国水利水电出版社微机排版中心
印　　刷	天津嘉恒印务有限公司
规　　格	184mm×260mm　16 开本　8.5 印张　207 千字
版　　次	2024 年 3 月第 1 版　2024 年 3 月第 1 次印刷
印　　数	0001—2000 册
定　　价	**65.00** 元

《重型单轴燃气轮机大修作业实践指导——以PG9351FA型为例》编委会

Preface 序

在推动能源转型和绿色发展的政策引领下，中国华能集团有限公司将重型燃气轮机广泛应用于电力生产中，在提高能源效率、改善能源结构等方面发挥重要作用。在电力生产过程中，科学合理的燃气轮机维护检修对于保证燃气轮机安全运行具有重要意义。然而，燃气轮机的检修技术主要由国外原设备厂家提供，国内电厂燃气轮机维护检修的自主化程度较低，燃气轮机维护检修力量储备不足，一定程度上影响了燃气轮机的安全运行。

华能江苏能源开发有限公司拥有南京、苏州、江阴、南通四家燃气轮机联合循环电厂，总装机容量达4152MW，所使用的燃气轮机设备涵盖通用电气、西门子、阿尔斯通、上海电气等国内外多种机型经过多年的运行分析和总结，在燃气轮机调试、运行、维护、检修工作方面积累了大量的实践经验。

为提高燃气轮机检修技术的自主化水平，培养燃气轮机检修专业化人才，华能江苏能源开发有限公司结合多年来的实践经验，参照燃气轮机设备厂家提供的产品手册及技术信息通告，组织专业人员编写了本书。本书介绍了通用电气、西门子、阿尔斯通的燃气轮机机型构造，并以通用电气9FA燃气轮机检修内容为主体，为通用电气燃气轮机机型的维护检修提供指导，能为各类燃气轮机机型的维护检修提供较为合适的样本借鉴。

本书的使用将促进燃气轮机检修专业化人才培养，推动燃气轮机自主化运行维护工作，逐步突破燃气轮机运维的“卡脖子”技术问题，进一步规范重型燃气轮机维护检修管理，从而确保燃气轮机联合循环发电机组安全、经济、稳定运行。

在本书即将出版之际，谨对所有参与和支持本书编写、出版工作的单位和同志表示衷心感谢。

作者

2023年5月

Foreword
前言

为响应国家能源局加快形成燃气轮机研发、设计、制造、试验和维修服务能力的要求，提升电厂检修技术人员燃机设备检修维护技能水平，实现燃气轮机的全面自主检修。根据集团公司对燃机自主检修的工作要求，华能江苏能源开发有限公司利用长期积累的技术优势，组织专业人员编写本书，为重型燃气轮机的维护检修提供指导。

本书共分为6章，包括概述、影响燃气轮机维修周期因素和设备寿命分析、燃气轮机检修周期与策略、燃机大修作业指导、燃气轮机大修步骤、燃气轮机重大事故防范技术措施等方面，涵盖了通用电气9FA级燃气轮机日常检修维护的主要注意事项和标准方法。编写过程中参照了国家和行业有关规程规范、华能集团公司联合循环发电厂监督管理要求、燃机设备厂家提供的产品手册及技术信息通告，并结合国内外燃气发电新技术进行编写，希望能够对燃气轮机自主检修工作的开展提供借鉴和支持。

由于编者理论水平和实践经验有限，本书中难免存在疏漏之处，敬请读者批评指正。

作者

2023年5月

Contents 目录

第1章

概　述

1.1　燃气轮机的应用与发展

1.1.1　国际燃气轮机技术发展的趋势

自1939年BBC公司制成世界上第一台工业燃气轮机以来，经过几十年的发展，燃气轮机已在发电、管线增压动力、舰船动力、坦克和机车动力等领域获得了非常广泛应用。20世纪80年代以后，燃气轮机及其联合循环技术日臻成熟，由于其热效率高、污染低、比投资低、建设周期短、占地和用水量少、启停灵活、自动化程度高等优点，逐步成为继蒸汽轮机后的主要动力装置。为此，美国、日本、西欧等国家和地区政府制定了扶持燃机产业的政策和发展计划，投入了大量的研究资金，使得燃气轮机技术得到了更快的发展。20世纪80年代末到90年代中期，重型燃气轮机普遍借用了航空发动机的先进技术，发展了一批大功率高效率的燃气轮机，透平进口温度达1300℃，简单循环发电效率达36%～38%，其单机功率可达200MW以上，一般称为F级技术机组。20世纪90年代后期，大型燃气轮机开始应用蒸汽冷却技术，使燃气初温和循环效率进一步提高，单机功率进一步增大。透平进口温度达1400℃，简单循环发电效率达37%～39.5%，其单机功率达300MW以上，一般称为H级技术机组。9FA燃气轮机立剖图如图1.1所示。

这些大功率高效率的燃机，主要用来组成高效率的燃气—蒸汽联合循环发电机组，单机联合循环最大功率等级接近500MW，已与大型汽轮发电机组相当；其发电效率达55%～58%，最高甚至可达60%，远高于超临界汽轮发电机组的效率(40%～45%)，已经成为烧天然气和石油制品电厂的首选方案。近年来，在世界新增加的发电机组中，燃气轮机及其联合循环机组在美国和西欧已占大多数，亚洲的也已达36%，世界市场上已出现了燃气轮机供不应求的局面。

1.1.2　燃气轮机技术的发展道路

世界重型燃气轮机制造业经过60多年的研制、发展和竞争，目前已形成高度垄

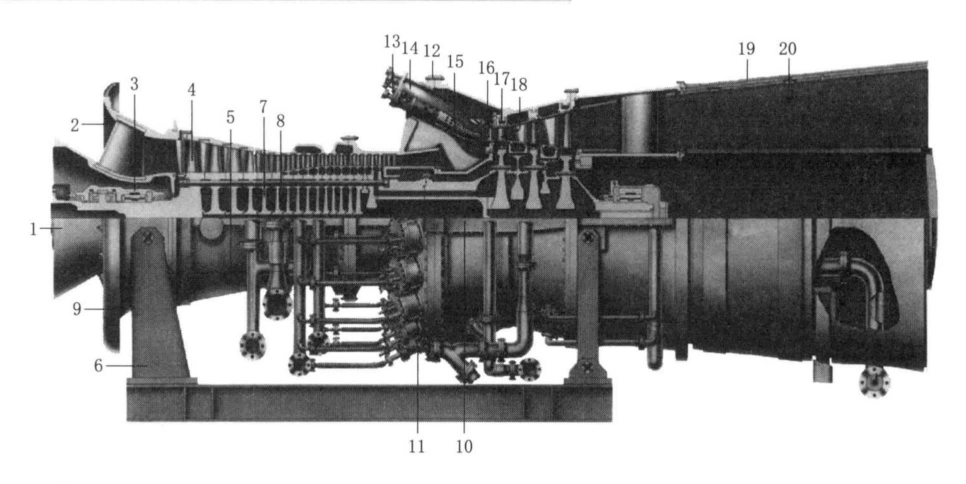

图 1.1 9FA 燃气轮机立剖图

1—负载联轴器；2—轴向/径向进气缸；3—径向轴承；4—压气机动叶；5—压气机中缸；6—刚性前支撑；7—轮盘；8—拉杆式结构；9—进气缸；10—水平中分面；11—燃烧室前板；12—反向流燃烧室；13—燃料分配器；14—燃烧室火焰筒；15—冲击冷却燃烧室过渡段；16—第一级喷嘴；17—第一级静叶护环；18—透平动叶；19—排气扩压器；20—排气缸热电偶

断的局面，以通用电气（GE）、西门子、阿尔斯通、三菱等主导公司为核心。本文以 GE 公司为例，展开介绍燃气轮机技术的发展道路。GE 公司当前生产的重型燃气轮机主要用于发电，组成快装式燃气轮发电机组，对于 50Hz 产品线，主要性能指标列于表 1.1。

GE 公司的压气机经历了一个逐步发展的过程。20 世纪 40 年代中期，由 TG180 航空发动机改型成最早的 5000hp 的 MS3002 重型燃气轮机，其空气流量只有 37kg/s。

表 1.1　　GE 公司发电用重型燃气轮机的性能

参数	燃机型号	9HA.01	9HA.02	9F.06	9F.03	9E.03	9E.04	6F.03	6F.01	6B.03
简单循环	简单循环净出力/MW	429	519	342	265	132	145	82	52	44
	简单循环热耗/[kJ/(kW·h)]	8483	8440	8768	9517	10403	9717	9991	9369	10740
	简单循环效率/%	42.4	42.7	41.1	37.8	34.6	37.0	36	38.4	33.5
燃气轮机	排烟温度/℃	633	636	618	596	544	542	613	603	548
	保证排放最小负荷/%	30	30	38	35	35	35	52	40	50
	燃机升负荷率/(MW/min)	65	70	65	22	50	16	7	12	20
	基本负荷下的 NO_x/ppmvd	25	25	15	15	5	15	15	25	4
	最小运行负荷下的 CO/ppm	9	9	9	24	25	25	9	9	25
	启动时间（常规启动/调峰启动）/min	23/12	23/12	23/12	23/20	30/10	30/10	29	12/10	12/10
	压比/12∶1	22.9	23.8	20	16.7	13.1	13.3	16.4	21	12.7
	压气机级数	14	14	18	18	17	17	18	12	17

续表

参数	燃机型号	9HA.01	9HA.02	9F.06	9F.03	9E.03	9E.04	6F.03	6F.01	6B.03
一拖一联合循环	联合循环出力/MW	643	774	508	405	201	212	124	76	67
	联合循环热耗/[kJ/(kW·h)]	5750	5739	5887	6162	6816	6615	6494	6362	6995
	联合循环效率/%	62.6	62.7	61.1	58.4	52.8	54.4	55.4	56.6	51.5
	保证排放最小全厂负荷/%	38	38	49	46	46	46	59	53	57
	全厂升负荷率/(MW/min)	65	70	65	22	50	12	7	12	20
二拖一联合循环	联合循环出力/MW	1289	1552	1020	815	405	428	250	154	135
	联合循环热耗/[kJ/(kW·h)]	5739	5729	5866	6130	6763	6562	6457	6330	6963
	联合循环效率/%	62.7	62.8	61.4	58.7	53.2	54.9	55.8	56.9	51.7
	保证排放最小全厂负荷/%	18	18	23	22	22	22	30	27	29
	全厂升负荷率/(MW/min)	130	140	130	44	100	25	13	24	40

在很宽的转速范围内没有碰到喘振问题。因此，不需要进口可调导叶和放气阀。1955年对压气机进行了重新设计，采用NACA65叶型，空气流量增加到72kg/s，在4860r/min时压比为6.78，效率也有所提高，构成了发电用的MS5000燃气轮机，以后又将转速提高到5100r/min，形成了MS5001M的基本设计。在此基础上，通过增加进口级直径、增加空气流量和压比，形成了GE重型燃气轮机系列。之后，MS5001M的压气机头三级又重新进行了设计，在进口增加了一级，压比提高到9.8。进口导叶改变为可调，启动时可调节空气流量，低负荷工况时可维持较高的透平进气初温，形成了MS5001N型。该压气机在麻省理工学院（MIT）的Lynn航空发动机压气机试验台上进行了全面试验，建立了流量、压比、效率、启动特性、全速喘振边界和设计的机械整体性关系。MS5001N和P、MS7001A和B、MS9001B型实际上具有相同的气动设计。5100r/min的MS5001N压气机模化放大为3600r/min的MS7001A压气机，使空气流量增加了一倍以上。再重新设计了前4级，使流量和压比进一步增加，形成了MS7001C和MS7001E型压气机。在MS7001E、MS9001E和MS6001的压气机中，对1～8级静叶又做了修改，以改善低频率运行时的性能。MS7001E型压气机又通过简单增加外径，使流量和压比增加，形成了MS7001EA压气机。

GE公司燃气透平的发展，一直是围绕着如何提高进气初温 t_3 而进行的。1961年投运的MS5000燃气轮机 $t_3=816$℃，到20世纪80年代初，投运的MS6001和MS7001机组，t_3 已提高到了1104℃。提高透平进气初温的主要措施是改进喷嘴和动叶的材料，完善叶片冷却技术。目前，MS9001FA机组的进气初温已达1300℃，MS9001G机组的进气初温高达1430℃。GE公司于80年代中期便投入大量资金进行F型燃气轮机的开发研制，主要是将飞机发动机的先进技术和部件移植到工业和发电用燃气轮机上，从而使其性能大幅度提高。GE公司于1987年制成了首台60Hz的MS7001F型燃气轮发电机组，后制成了50Hz的MS9001F型燃气轮发电机组。接着，GE公司又将其MS7001FA燃气轮机模化缩小，于1995年年末制成了70MW等级的MS6001FA燃气轮机，通过齿轮减速，可用于50Hz和60Hz的发电机组。

MS6001F、MS7001F和MS9001F型燃气轮机的结构和性能相类似。该机组为典型的单轴结构，与传统的E型机组相比，省去了一个中间轴承，三支承变成了双支承，而且功率输出端由透平排气端改变为压气机进气端（冷端输出）。因而，透平改变为轴向排气，有利于与余热锅炉的连接。而且，其辅机安装在分开的底板上，控制系统和辅机都有较大的冗余度。

1.1.3 燃气轮机的应用现状及发展前景

燃气轮机作为新型的动力设备，由于具有结构紧凑，单位功率重量轻，运行平稳且安全可靠，可以大型化且热效率较高，可以快速启动和带负荷等显著的优点，受到世人广泛关注，应用范围越来越广。在航天航空领域是独一无二、不可替代的动力设备；在航海和陆上交通运输领域里也占有越来越重要的地位，在一些现代化的舰船上，均采用燃气轮机作为动力设备，陆上交通运输工具，如汽车、火车机车及军用坦克上也采用燃机作动力设备；在发电领域里，由于燃气轮机电厂占地面积少、建设周期短、水的消耗量少、排气污染轻受到人们的广泛关注，尤其是以燃气轮机为主体的燃气—蒸汽联合循环电厂不仅排气污染轻，而且其热效率已达到和超过了最新型的超超临界参数的蒸汽轮机，所以在发电行业的应用也越来越广泛，已动摇了蒸汽轮机在发电行业的霸主地位。

据2000年的统计，全世界新增发电容量中，燃气轮机及其联合循环已占到35%～36%。在一些西方发达国家里，这个比例还要高，例如2000年美国的新增发电容量中，燃气轮机及其联合循环占48%，传统的蒸汽轮机占48%；而在德国，燃气轮机及其联合循环在新增发电容量中占到2/3。由此可见，在世界范围内燃气轮机及其联合循环已成为火电发展的重要方向。

由于以前的燃气轮机及其联合循环电厂以石油及其制品和天然气为燃料，大大制约了燃气轮机的应用和发展，但随着近期煤气化联合循环技术的发展和成熟，燃气轮机不仅可以以油气为燃料，而且可以以中低热值煤气为燃料，这就为燃气轮机的大发展和更广泛的应用奠定了坚实的基础。特别是以燃气轮机为主组成的煤气化联合循环，可以用来改造现有的燃煤的蒸汽轮机，在继续以煤为燃料的同时，又解决了严重的排气污染，还可以增加发电出力和热效率，这为改造能耗高、排气污染严重的燃煤的蒸汽轮发电机组提供了非常好的选择。此外，燃气轮机还在一些新型发电技术中占据着很重要的地位，如湿空气透平（HAT）循环和燃料电池—燃气轮机循环等新型发电技术，这将是今后发电技术发展的主要方向之一。由此可知，燃气轮机具有非常光明的发展前景，其应用会越来越广泛。

1.1.4 典型燃气轮机结构特点

1. SGT5－4000F燃气轮机结构特点

SGT5－4000F燃气轮机表示50Hz，3000r/min，第三代产品，环形燃烧室。其设计基于西门子可靠的V94.2机型，其坚固耐用的特性，已通过120多台机的7万次启动和超过400万h的运行验证。SGT5－4000F燃气轮机长10.82m，宽5.04m，高4.95m，重308t。

压气机由15级组成，压比为17，通过进口导叶工作角度的调节，可以有效地保证机组在50%运行时排气温度没有明显变化，同时也保证了机组效率。在机组启动、停机以及部分负荷下稳定运行，必须保证足够的放风量，以保证风机通流部分的气流稳定，同时为了保证燃烧室内部的火焰稳定，在压气机气缸3个不同位置上装有放风管。结构上是用静叶持环间形成环形间隙来实现，环形间隙将压缩空气引入3个环形腔室。放风管上装有气动阻尼器把压缩气顺畅的排入排气扩散器中。另外，在压气机上还有抽气口，把抽取的空气通过管道引入透平持环与透平缸的腔室中，为透平静叶提供稳定的冷却气源。

进口导叶、前4级静叶及前5级动叶表面均涂有涂层，以防止叶片冲蚀、积垢。动叶片的叶根形式为燕尾结构，槽上开有一平行导向槽。其尺寸与叶根长度匹配。叶片安装时直接轴向滑入叶根槽，叶片的工作角度在轮盘加工叶根槽时通过数控拉床直接加工成型。叶片装入后在专用的冲铆机上冲铆叶根端面以固定叶片的轴向定位。轮盘的内环与静叶顶部对应部位，加工出蜂窝型密封结构，与静叶片的气封结合，有效阻止级间气流的扰动。该密封结构采用迷宫式密封。可调进口导叶片的两端面装有销子，以插入内环和外环，叶片与内环接触的一端，起到定位旋转的作用，与外环接触的一端，在液压传动机构的驱动下，外环绕气缸周向转动，带动叶片进行旋转，从而达到调节叶片角度的目的。

透平由4级叶片组成，通常情况下，机组的压气机部分消耗整体功率的2/3以上，以单机效率为260MW计算，4级叶片的发电出力为780MW，这对叶片的结构强度提出了很高的要求，同时，燃烧室的出口温度在1400℃，所以西门子燃气轮机在第一级叶轮采用单晶叶片，第二、第三级叶轮采用定向结晶叶片，第四级叶轮采用高温合金叶片，并在叶片表面涂上陶瓷涂层，在前几级叶片上还通过激光穿孔技术在叶片表面通过特殊的工艺，使从压气机过来的气体通过叶片表面的孔，在叶片表面形成一气体保护膜，从而有效地避免高温燃气与叶片表面直接接触。叶片均为三维造型技术，通过无数次的吹风试验得到的最佳效率的叶型，结构型式由叶片、内围带和叶根组成。按照流体力学的分析，在不同的通流圆周位置，气体的流速以及流向，均不相同，所以叶片在设计以及吹风试验时，不同的截面有不同的弯扭方式，从而有效地保证了叶片的效率。透平叶片的叶根形式为 2 个或 3 个锯齿的枞树形叶根。各级叶片均为轴向装入转子轮盘的匹配槽中，用特殊的透平叶片冲铆机械，对叶片进行固定。

静叶由叶片、内围带与外围带组成。外围带把叶片装入静叶持环并形成热气通道的外边界。所有透平 4 级静叶和前三级动叶片，都采用压缩气体冷却方式。透平的冷却空气从压气机级不同部位抽取。叶片的冷却方式可以分为：冲击式冷却、内部传热冷却、气模冷却以及利用扰流片增强对流冷却等方式。

压气机和透平转子为同一根转子，在压气机进气端与透平出气端，分别有一轴承支撑转子，中间没有支持。在压气机进气端的轴承为径向联合推力轴承。它由主副两个推力盘来限制转子的轴向位移，此为 SGT5－4000F 机组的绝对死点，同时也是整套机组以及所有辅助系统的相对死点。所有辅助系统的相对坐标，均以压气机轴承座的中心线与转子的中心线的交点为原点。主副推力轴承分别由 4、6 片推力瓦块组成，瓦块的有效工作面衬有合金。推力瓦块用圆柱销固定在轴承退让壳内并支托在弹性垫片上，正常工作时可以使所有的推力瓦块获得均匀的负荷分配。油从径向轴承的侧面开槽进入。装在两端的上下半轴承套筒内的热电偶，用来监测合金的温度。

位于透平端的轴承座，由 5 根径向肋支撑在透平气缸上。轴承瓦块的有效工作面衬有合金，并形成结构，使得运行期间在轴承和轴颈间产生支托油楔。装在最大负荷点下半部的热电偶用来监测合金的温度。

SGT5－4000F 燃气轮机采用高燃烧效率的环形燃烧室，燃烧室一周均匀分布 24 个混合型燃烧器，这一设计特点可以有效地保证燃烧室内均匀的温度场。燃烧室内表面为陶瓷瓦块，在燃烧室的出口为了保证气体的顺畅流动，在结构设计时采用圆弧段过渡的方式把高温燃气引入透平的通流部分做功，由于陶瓷工艺的限制，在此部分无法做成弧状的陶瓷瓦块，采用高温合金钢表面喷涂陶瓷涂层的方式来实现高温隔热效果。

在燃烧室的下方开有人孔，在机组常规检查以及维修时，维修人员可以直接通过人孔进入燃烧室，在与人孔对应的燃烧室部分有 6～8 块陶瓷瓦块可以从外部拆卸下来，维修人员可以顺利地进入燃烧室，对燃烧器、第 1 级透平导叶以及燃烧器内部的陶瓷瓦块进行检查。

混合燃烧器（HR3 燃烧器）可以燃油、燃气两种燃烧方式运行，就气体燃料来说，有值班燃烧、扩散燃烧、预混燃烧

2. GT13E2 燃气轮机结构特点

华能苏州燃气轮机为哈尔滨汽轮机厂有限责任公司引进的阿尔斯通公司 GT13E2

型燃机。GT13E2 型燃机配置有 72 只 EV 型燃烧器，单环形燃烧室、单轴、冷端驱动。透平为 5 级，轴流式压气机、压气机为 21 级，有三级抽气，四个防喘阀，分别在压气机第 4、8、12 级处，压气机入口有一级可调进口导叶。启动方式为：发电机作为同步电机，利用静态变频器启动。联合循环机组采用多轴布置的方式。

GT13E2 的燃烧系统由一单环型燃烧室、燃料分配器、三只火焰监测器、72 只环保型燃烧器组成，72 只燃烧器分两圈交错排列，燃烧器采用双锥预混燃烧技术、一次空气通过两个彼此错开一定位置的半锥体间的缝隙进入锥体内部，天然气从燃烧器两开缝边上的两排各 32 个小孔（亦叫预混喷嘴）喷出，逐渐掺混到旋转气流中去，形成均匀预混的可燃气体，进行预混燃烧。扩散燃烧时天然气由 MBP43 进入燃烧器，从锥体根部的喷嘴（亦叫值班喷嘴）喷出后，与空气混合后进行。MBP43、MBP41 给 54 只燃烧器供气，MBP43 给燃烧器的值班喷嘴供气，进行扩散式燃烧。MBP41 给燃烧器的预混喷嘴回路供气，MBP42 给其余的 18 只燃烧器供气，进行预混式燃烧。

1.2 燃气轮机检修的重要性

随着燃气轮机广泛应用，燃气轮机的检修自然地越来越受到人们的关注。尽管燃气轮机的工质的工作压力不是很高，基本上在 30bar 之内，但其工质的温度很高，E 型技术燃气轮机的进气温度为 1100℃，而 F 型、H 型燃气轮机的进气温度为 1430℃ 左右；并且是高速旋转式机械。在此条件下工作的燃气轮机除了必须加强日常的运行维护之外，还必须定期进行检修，以确保机组能安全的运行。

燃气轮机的燃料，可以是天然气，也可以是轻油、重油或者原油，甚至是低热值煤气。根据所用燃料的不同，燃气轮机的维护和定期检修的内容和工作量也不同。由于燃气轮机的工作温度很高，又是高速旋转式机械，其工作条件是相当恶劣的，尽管在燃烧系统和热通道部件的选材、加工工艺、涂层及冷却等诸多方面采取了很多抗高温的措施，但在燃气轮机的运行中仍不时发生因高温而引发的各种事故，所以对燃气轮机的定期检修规定了明确且严格的时间周期和具体的检修内容，要严格按照燃气轮机制造厂商提供的技术文件和有关的标准要求进行施工，以期通过检修解决机组运行中发现的问题和虽没有发现但已存在的威胁机组安全运行的隐患，确保机组的安全运行。同时，合理而科学的检修还可以延长燃气轮机各零部件的使用寿命，提高燃机运行的经济性。

1.3 大型燃气轮机检修的特点

燃气轮机是以连续流动的高温气体作为工质，把热能转换为机械能，再通过发电机转换为电能的动力机械，主要包括压气机、工质加热设备（如燃烧室）、燃机透平、控制系统和辅助设备等。

现代大型发电用燃气轮机为轻重结合型结构，设计寿命与理论大修周期都较长。燃气轮机区别于常规汽轮机的一个重要特征就是高温加热、高温放热，现代燃气轮机透平初温不断提高，当前 E 级为 1100～1200℃，F 级在 1300℃左右，G 级达 1500℃左右，并且在开发设计上，已向 1600～1800℃发展。高温部件的制造需镍、铬、钴等高级合金材料，并采用超级合金单晶与定向凝固铸造等先进工艺、特殊的陶瓷涂层及有效的冷却方式等。因此，燃气轮机高温热部件维修成为制订燃机检修维护策略的关键考虑因素。也因为这个原因，燃气轮机检修策略的制定不应等同于往常的计划检修，也应有别于常规汽轮机的 A 级、B 级、C 级、D 级滚动检修，而应该突出基于高温受热部件的实际情况，根据检查、监测、诊断和评估的结果，决定检修的等级和时间间隔。

通常热端部件价格昂贵，能否通过有效的检修周期控制来延长使用寿命，直接影响到燃气轮机电厂的成本和市场竞争力。特别是随着燃气轮机在电网调峰中启停次数的增加，高温部件占维修费用的百分比将大大提高，甚至达 70%以上。当前，备件的国产化刚起步，从原厂家购买备品价格依然很高。据统计，目前国内一套 9E 燃机的热端部件备品要占整套机组价格的 40%以上，仅一级喷嘴的价格就达百万美元。有研究表明，如果运行方式由周启停变成二班制运行，则其热端部件维护费用将增加 1 倍，这是因为诸如基体材料老化裂纹的扩张速度基本与运行小时数和启动次数成正比。涂层维修现在主要还是依靠制造厂在国外的定点修理厂完成，因此费用也特别高。

综上所述，燃气轮机的可靠性不仅同燃料、本身材质性能和日常维护有关，还与其在电网的功能定位和运行方式密切相关。因此，燃气轮机的检修策略制定宜以制造厂提供的检修周期为参考，根据机组的运行和检查情况，采取以状态检查和诊断为基础、以可靠性管理为核心的优化检修策略。通常，维护以检查为基础，检修以维护为基础。按检修范围从局部到整体的排序，通常分为燃烧部件检查、热通道部件检查和整机检查大修三种。检查通常采用工业内窥的方法进行，因为现代燃机在设计时均已具备了很高的可检查性。如有的机组，甚至可以让检修人员进入到燃烧室内部对燃烧部件和第一级喷嘴进行检查。当然，日常的维护还包括主要根据功率下降情况来判断的在线或离线的水洗等工作。

第2章

影响燃气轮机维修周期因素和设备寿命分析

2.1 影响维修周期的主要因素

很多因素能影响设备的寿命，电厂在运行过程中必须充分理解这些因素，并在运行时给予重视。例如启动周期（运行小时/次）、功率设置、燃料、注蒸汽或水和现场环境条件等因素都会影响燃机主要可换部件的寿命，因此都是决定维修间隔期的关键因素。

非消耗性部件及系统，如压气机叶片，会受到一些变化因素的影响，如金属的蠕变、腐蚀、氧化等因素。电厂的运行人员需要考虑这些外部因素从而避免非消耗性部件状况的恶化及寿命的缩短。

而在GE公司制定维修计划的方法中，以天然气为燃料、连续运行、没有注水或蒸汽的状态为基准条件，以此设定推荐维修间隔期。对于不同于此基准的运行状态，设定了一个维修系数，来决定对部件寿命的影响及所需要增加的维修频度。例如，当维修系数为2时，维修间隔就是基准间隔期的一半。

在此，通过对以下因素进行分析，从而在日常机组运行过程中降低影响，保持设备部件状态。

2.1.1 启动次数和运行时间标准

燃气轮机在不同的运行负荷下磨损方式也不同。对于调峰机组，热机械疲劳决定部件寿命的长短。而对于连续运行机组来说，蠕变，氧化和腐蚀决定机组部件寿命的长短。GE公司在设计时考虑到了这些机理的相互作用，但很大程度上这些相互作用的影响不是非常重要。为此，GE公司用启动次数和运行时间来决定维修需求。任何先达到的标准界限决定检修间隔期，如图2.1所示，检查间隔期的推荐值由启动次数和运行时间形成的矩形所确定。这些检查间隔的推荐值都在设计寿命之内，且所有经过检查确认可以继续使用的部件，在以后的运行中具有很低的失效风险。

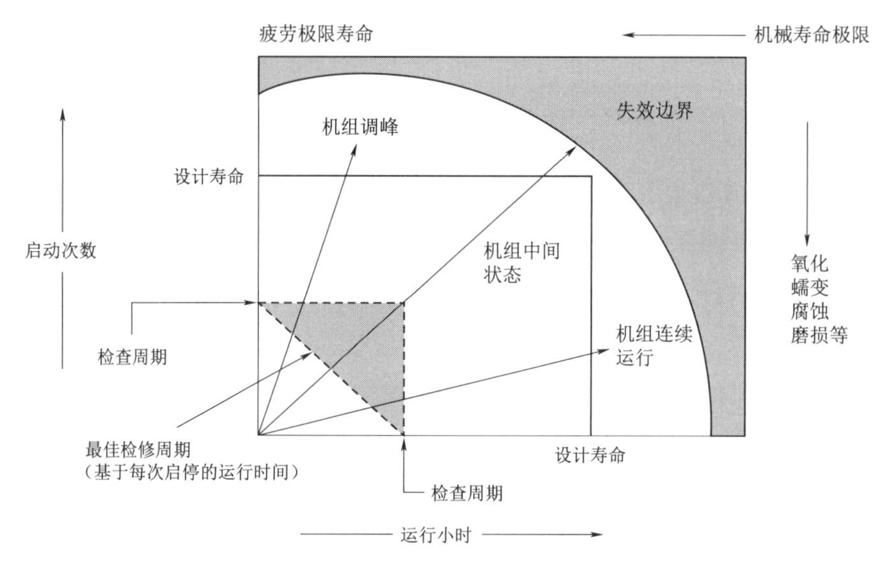

图 2.1　GE 用互相独立的启动次数和运行小时数来计算维护间隔

2.1.2　燃料

只要使用符合 GE 公司规定的天然气燃料，对燃气轮机的维修来说没有负面影响。而对于 9FA 等使用 DLN 型燃烧室的机组，更是要控制燃料的质量。为了保证燃烧系统的正常运行和提供适用的质量保证，电厂工作人员应该正确执行 GEI－41040 和 GEI－41047 中关于燃料的规定，定时检验燃料品质，确保燃料质量。

2.1.3　燃烧温度

机组长时间调峰运行，由于较高的运行温度，需要更频繁的维修和更换热通道部件。燃烧温度变化对部件寿命产生的影响为

$$\text{E 级燃气轮机：} A_p = e^{(0.018 \times \Delta T_f)} \tag{2.1}$$

$$\text{F 级燃气轮机：} A_p = e^{(0.023 \times \Delta T_f)} \tag{2.2}$$

式中　A_p——调峰燃烧烈度系数；

ΔT_f——调峰燃烧加法器，℉。

需要注意的是这种影响并不是线性关系。较高的燃烧温度减少热通道部件的寿命，而较低燃烧温度增加部件寿命。较高的燃烧温度减少热通道部件的寿命，而较低燃烧温度增加部件寿命。

运行人员必须意识到减少负荷不一定永远意味着降低燃烧温度。在电厂里，产生蒸汽可以提高电厂总效率，是先通过关小可调进口导叶角度，减少进口空气流量来减小发电出力，同时却要保持高排气温度。对于联合循环机组来说，只有负荷降到额定

发电出力的80%以下，燃烧温度才会降低。相反，对于简单循环机组，在负荷降到80%过程中保持进口可调导叶全开，可以使燃烧温度减少200℉/111℃。热通道部件寿命在这两种不同模式运行时受到明显不同的影响。类似的，DLN燃烧系统的机组通过进口导叶的调节和进气加热将低氮预混燃烧模式扩展到部分负荷工况。

如上所述，对于使用天然气或轻质油之类的清洁燃料的机组来说，燃烧温度影响热通道维修，这时热通道部件的蠕变断裂是部件主要的寿命限制，也是决定热通道部件维修间隔期的机理。

2.1.4 蒸汽或水喷注

部分电厂为了控制排放或增加发电出力而采用的注水或蒸汽，虽然所用的水或蒸汽符合GE的规定要求，但仍能影响部件的寿命和维修间隔期。这与加入的水对高温烟气传递性的影响有关。特别地，较高的烟气热传导性会增加传递给叶片和喷嘴的热量，从而导致较高的金属温度，减少部件寿命。以MS7001E为例（图2.2），在恒定的透平初温下，喷注3%的蒸汽（NO_x控制为25ppm），燃气的传热系数将增加4%，叶片金属温度会提高15℉（8℃），寿命下降33%。

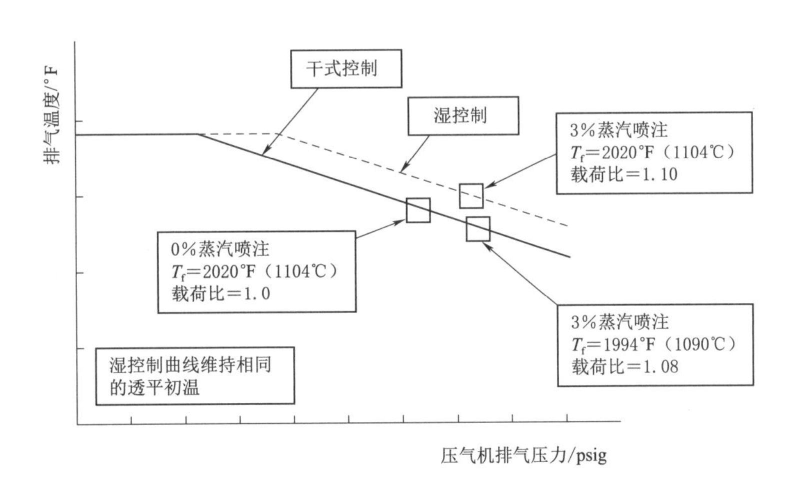

图2.2 排气温度控制曲线——MS7001EA的干湿控制对比（T_f为透平初温）

注蒸汽或注水对部件寿命受的影响直接受透平的控制方法影响。对于基本负荷运行机组的控制系统在注水或蒸汽时降低了燃烧温度。这就是干式控制曲线运行，它抵消了烟气热传导增加的影响，这样总体上对叶片寿命没有影响。这是所有燃气轮机的标准配置，也适用于没有注水或蒸汽的机组。但是，在某些机组中，控制系统被设计成保持与注水或蒸汽级别一致的燃烧温度。这作为湿控制曲线运行，能增加出力，但会减少部件寿命。采用这种控制方法的机组通常作为调峰机组运行，其年运行小时数较少，电厂通过减少部件寿命增加出力是合理的。图2.2显示湿和干控制曲线和这两种不同运行模式所造成的性能差异。

另外一个与注水或蒸汽有关的因素，是更高的透平部件空气动力负荷，这是由于注水提高了循环压比。这附加的负荷使第2级和第3级喷嘴下游的挠曲率增加，并导致这些部件的修理间隔期缩短。

为了减少排放中 NO_x 含量而采用注水需要依据控制系统的设定进行。在过高的负荷下强制使用注水操作会使燃烧部件和热通道部件因为热冲击而损坏。

2.1.5 非正常频率运行

GE重型单轴燃气轮机被设计成可以在95%～105%的额定速度范围内运行。但是，在非额定速度下运行对维需求有潜在的影响。根据工业标准的要求，燃机设计特性及燃机控制理论，这种运行工况能加速燃机部件，尤其是转动部件的寿命消耗。在频率＋/－1%的变化范围内（在50Hz的电网里指＋/－0.5Hz）必须保持负荷不变：频率增加1%，负荷就可以降低1%，最小可以降至94%。要求规定，95%～104%速度范围内机组可以持续运行，但每次在94%～95%速度内运行时间必须少于20s。在最大环境温度为25℃时这些条件必须被满足。

低频运行对维修的影响在于为了满足标准定义的输出功率要求，燃机的输出功率要超过标准控制下的输出功率。当速度降低时，压气机中气流减少，机组的输出功率也减少。如果这种正常的速度降低导致的功率减少使负荷低于规定的最低负荷，那么一定要增加功率。透平过度燃烧是使功率增加最明显的办法。这个级别的过度燃烧和燃烧可操作性、排放适应性有关，也是影响热通道部件寿命的主要因素。

如果由于电网事故导致燃机在低于95%的最小连续运行转速下运行，应考虑额外的维修和部件更换。在低于95%转速下运行，需要超温燃烧提高出力以满足电网要求，但同时会导致另一方面的担忧，即在过燃的情况下透平叶片会因激振引起叶片共振并减少疲劳寿命。考虑这一因素，电网频率偏移使得燃机转速低于95%的情况下，每运行20s，以起动次数为基准的机组维修系数为60。超频率或超速运行也会对燃机维修和部件更换间隔期产生影响。如果速度超过额定速度，转子部件的机械应力与速度增加的平方成比例。如果燃烧温度超速工况下一直保持不变，热通道转动部件的寿命消耗将会增加，例如以105%速度运行1h，相当于在额定速度运行2h。

如果超速运行只是燃机运行中的一小部分，有时这对部件寿命的影响可以忽略。但是，如果要长时间超速运行并保持额定燃烧温度，这种工况的累计时间要记录，这种运行的影响在燃机整体的维修系数计算中要考虑到，维修计划也要做出调整。一种能减弱这种影响的办法是使燃烧温度保持在一个可以平衡超速对部件寿命影响的温度。一些机械驱动用机组采用这种方法来避免维修系数的增加。

2.1.6 循环效果

对于以启动次数为基础的维修标准，电厂必须考虑到在启动、运行和停机过程中产生的循环效应相关的运行因素。不同于标准启动和停机顺序的运行情况可能减少热通道部件和转子部件的循环寿命，如果运行时有这种情况，就需要更加频繁地进行维修及部件翻新/更换。

2.1.7 空气质量

吸入燃机的空气质量也对维修和运行成本产生影响。空气中的污染物除了对热通道部件的有害影响外，也会引起压气级叶片磨蚀、腐蚀和积垢，如灰尘、盐和油。20μm 的颗粒进入压气机能导致叶片明显磨蚀。

超细灰尘颗粒进入压气机以及吸入油气、烟、海盐和工业气都能导致积垢。压气机叶片腐蚀引起叶片表面产生凹痕，除了增加表面粗糙度，还是产生疲劳裂纹的潜在部位。这些表面粗糙度和叶片轮廓的改变会降低空气流量和压气机效率，也会降低燃机出力和整机热效率。一般来说，轴流压气机性能下降是燃机出力和效率降低的主要原因。压气机叶片积垢引起的可恢复的损失一般占性能损失的 70%～85%。当压气机积垢使空气流量减少 5%时，出力降低 13%，热耗增加 5.5%。幸运的是，可以通过正确的操作和维修程序来减少积垢型损失。在线压气机清洗系统可以在出现明显积垢之前清洗压气机来保持压气机的效率。离线清洗系统用来清洗积垢严重的压气机。其他措施包括维护进气过滤系统和进气蒸发冷却器，以及周期性检查和及时修理压气机叶片。

也存在一些不可恢复的损失。在压气机中，由非沉淀性叶片表面粗糙、磨蚀、叶顶磨损引起的损失就是典型的不可恢复损失。在透平中，喷嘴通流面积变化、叶顶间隙增加和漏气是潜在原因。即使是一台维护很好的机组，也会有一定程度的不可恢复性能下降。电厂定期监测和记录机组的性能参数是一种很有价值的手段，有利于诊断压气机可能的性能下降。

2.1.8 润滑油清洁度

污染或失效的润滑油可以导致轴瓦表面磨损和损坏。这会导致检修时间加长和昂贵的修理成本。全面维修计划中，对润滑油进行例行抽样来检查黏度、化学成分和杂质是很重要的一部分。润滑油至少每季度取样一次。然而，推荐每月取样一次。

2.1.9 进气湿度

压气机在潮湿环境下运行，由于腐蚀、磨蚀、积垢和材料特性降低可能导致长期的压气机性能降低。经验表明，基于水质、进气消音器和进气道的材料及进气消音器的状况，压气机的积垢在使用进气加湿器的情况下会变得严重。同样地，蒸发冷却器残留物和过多的水洗也会降低压气机性能。

对于使用 AISI 403 不锈钢压气机叶片的机组，残留的水会减少 30%的叶片疲劳强度，如果有裂纹存在，将加快裂纹变大。残留水也会对叶片产生腐蚀作用。含盐的环境会加速这种腐蚀。如果环境是酸性的而且叶片出现凹痕，这会进一步降度疲劳强度。凹痕引发腐蚀，有凹痕的叶片的材料强度会比初始值减少 40%。在潮湿环境中的停机，会使这种情况进一步恶化，加速潮湿腐蚀。

相对来说，没有涂层的 GTD－450TM 材料对腐蚀有一定的抵抗能力，而没有涂层的 403SS 材料容易被腐蚀。水滴会引起压气机前几级叶片前缘磨蚀。如果磨蚀持续下去，可能导致叶片失效。另外，粗糙的前缘表面会降低压气机性能。

使用进气加湿器或蒸发冷却器也会引起压气机中水残留或水摄入，导致 R0 磨蚀。尽管使用蒸发冷却器和进气加湿器是为了使冷却水在进入压气机之前充分蒸发，但是迹象表明，如果系统调试不当，水分不会被充分蒸发（如进气道或进气缸变色）。如果出现这种情况，应按照相应的技术信息通报的说明对机组进行检查和维修。

2.2 设备寿命分析

2.2.1 热通道部件

图 2.3 显示了正常启动到停机整个过程中燃烧温度的变化。点火、加速、加负荷、降负荷和停机都导致燃气温度的变化，相应的金属温度也变化。通过对冬夜瞬态

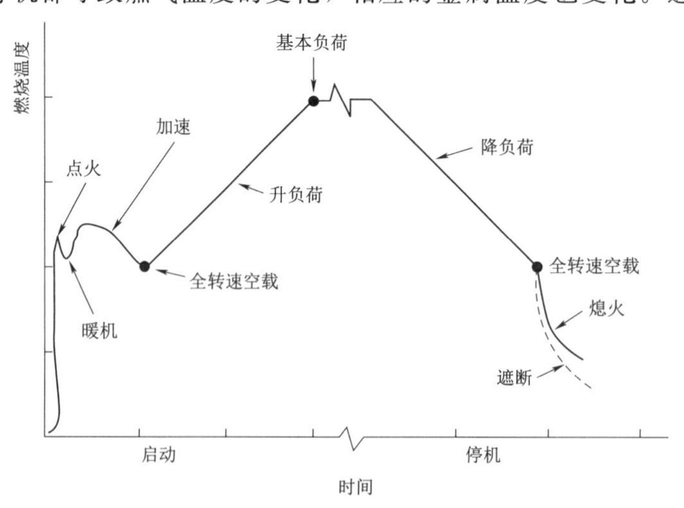

图 2.3 燃机由启动到停机燃烧温度的变化

温度分布分析，发现燃气温度迅速变化，叶片和喷嘴边缘的反应比厚度大的部分要快得多。这些温度梯度会产生热应力，当周期循环时，终会导致断裂。例如 MS7001EA 一级叶片在正常启动和停机过程中的温度/应变分布。点火和加速对叶片产生瞬间的压缩应变，这是由于快速反应引起叶片进气边比截面积较大的主体受热升温快得多。在满负荷情况下，叶片达到其高金属温度，而且与冷却部分之间存在的温度梯度中产生了压缩应变。停机时情况相反，叶片边缘冷却比主体快得多，导致在叶片进气边产生拉伸应变。

热机械疲劳试验发现部件在断裂之前所能承受的周期应变次数受它所承受的总应变范围和高金属温度的影响很大。任何明显扩大应变范围和/或高金属温度的非正常运行都会减少疲劳寿命，增加以启动次数为基准的维修系数。例如，比较一个正常运行循环和从满负荷跳机的循环。满负荷跳机循环明显扩大了应变范围，其对寿命的影响相当于 8 次正常的启动/停机循环。从部分负荷跳机的影响相对较小，因为此时金属温度较低。从 80%到 100%负荷跳机的维修系数是 8∶1，全速空载跳机的维修系数是 2∶1。同理，在调峰负荷下过度燃烧也会升高部件的金属温度。从调峰负荷甩负荷跳机的维修系数是 10∶1。除了有规则的启动/停机循环，跳机也要被考虑。与从带负荷跳机一样，紧急启动和快速升负荷也会影响以启动次数为基准的维修间隔期。这又与发生上述情况导致应变范围增加有关。

紧急启动，在 5min 之内使机组从静态到满负荷对部件寿命的影响相当于增加 20 次启动，快速加负荷的正常启动相当于增加 2 次启动。像跳机一样，紧急启动和快速加负荷对机组的影响要与正常循环分开单独考虑。

由于上述的启动方式会缩短以启动次数为基准的维修间隔期，不过部分负荷运行允许适当延长检修间隔期。例如，两次最大负荷低于 60%的运行循环相当于一次最大负荷超过 60%的启动，换个方式讲，维修系数是 0.5。启动系数计算以运行中的最大负荷为基础。因此，如果机组在部分负荷下运行三周，在最后 10min 升到基本负荷，那么机组的整体运行应作一个基本负荷启动/停机循环。

2.2.2 转子部件

燃气轮机透平转子部件如图 2.4 所示，除了热通道部件，转子结构的维护和整修受启动、运行和停机相关的循环效应影响，也受加负荷和减负荷特性影响。具体某一种运行模式和转子设计的维修系数需要确定并列入维修计划。当累计启动次数或运行时间达到检修界限时，所有转子部件需要分解检查。

当启动程序开始时转子的热力状况是决定转子维修间隔期和各个转子部件寿命的主要因素。如果启动时转子是冷的，随着燃机并网转子会产生瞬间的热应力。经过相同的启动过程，导热时间较长的大型转子比小型转子产生更高的热应力。高热应力会缩短热力机械疲劳寿命和维修间隔期。

汽轮机工业界在1950—1970年意识到要调整启动过程的时间，那时发电市场的发展需要在更高温度下运行的越来越大的汽轮机。与20世纪50年代和60年代汽轮机转子尺寸扩大一样，燃气轮机80年代和90年代随着技术发展到可以满足高负荷和高热效率联合循环发电厂的要求时，转子尺寸也有扩大的趋势。随着这些较大转子的出现，从汽轮机的经验和最近的燃气轮机经验中所获得的知识应该作为影响燃气轮机起动控制的因素和/或应该确定应用负荷循环的维修系数以确定不同程度的转子寿命缩减。这样确定的维修系数应用于调整部件的检查、修理和更换间隔期以适应特定的工作循环。

图2.4　燃气轮机透平转子部件

对F级转子而言，起动过程的转子维修系数是在一段时间运行后停机时间的函数。随着停机时间的增加，转子金属温度接近环境温度，在随后的起动过程中热疲劳的影响增加。同样的，冷起动的转子维修系数为2，由于转子在热的状态下具有较低的热应力其转子热启动维修系数小于1。对于不同机组的转子结构，这种影响是不同的。由于最重要的限制位置决定整个转子所受的影响，转子维修系数标明了在转子不同位置中转子维修系数的上限值。

转子启动时热力状况不是影响转子维修间隔期和部件寿命的唯一因素。燃机快速启动和快速升负荷增加了转子热力梯度并给转子造成严重负荷。甩负荷停机，特别是甩负荷停机后立即重新起动缩短了转子维修间隔期，如在热停机后的第一小时内进行热起动一样。表2.1列出了推荐用来确定FA和FB型转子大修系数的运行因素。

每个系数对于转子维修需求的重要性由机组的运行方式决定。三种运行方式基本囊括了大多数燃机的运行方式。它们是调峰、周期和连续运行，具体如下：

（1）调峰机组有相对高的启动频率，每次启动的时间较短。按季节性需求运行。冷起动在调峰机组中占很大比例。

表 2.1　　FA/FB 燃机转子在不同运行方式下对维修系数的影响

	快速启动	正常启动		快速启动	正常启动
热启动系数（0～1h 停机）	4	2	暖机启动 1 系数（20～40h 停机）	2.8	1.4
热启动系数（1～4h 停机）	1	0.5	冷启动系数（大于 40h 停机）	4	2
暖机启动 1 系数（4～20h 停机）	1.8	0.9	甩负荷系数	4	4

（2）周期负荷机组每天启动，周末停机。每次启动通常运行 12～16h，大多在暖转子条件下启动。冷启动常在检修后或两天周末停机后遇到。

（3）连续运行机组每次启动的时间长，由于通常是维修导致停机，所以大多数启动是冷启动。冷启动所占比例大，总启动次数少。连续运行机组的转子维修间隔期由运行时间决定，而不是启动次数。

这些运行类型有不同的热机、暖机和冷机启动组合，每种启动情况对转子维修间隔期的影响都不同。结果，以启动次数为基准的转子维修间隔期由特定运行类型的应用决定。

停机后和启动/重新启动前盘车转动操作是正常运行程序中至关重要的一部分。停机之后，必须对热转子盘车以防止弯曲，转子弯曲时启动可以增大振动和过多的摩擦。最好的做法是，在计划停机后机组保持盘车直到轮间温度稳定在环境温度附近。如果机组在冷却之后的 48h 内无任何操作，可以停止盘车。

建议在甩负荷跳机、全速空载跳机或正常停机后重新启动前要求盘车 1h。这会在叠加起动瞬间应力前减弱瞬间热应力。如果机组必须在 1h 之内启动，启动系数为 2。如果检查到转子有弯曲，那么在冷启动或热启动之前进行长时间的盘车是非常有必要的。高盘转速时的振动数据可以用来确认转子弯曲是否在可以接受的范围内，机组是否可以启动。

2.2.3　燃烧部件

典型的燃烧系统包括过渡段、火焰筒、导流套及包括燃料喷嘴、燃烧室外套和端盖的组件，其他各种配件包括联焰管、火花塞和火焰探测器。另外，还会有各种燃料和空气输送部件，如轻吹或单向阀和金属软管。GE 提供标准燃烧室、多喷嘴静音燃烧室（MNQC）、整体气化联合循环燃烧室（IGCC）和干式低氮燃烧室（DLN）等多种燃烧系统。每种燃烧系统都有独特的运行特性和运行模式，对维修和翻新有着不同的要求。

影响燃烧部件的维修和翻新要求的因素有很多，和影响热通道部件的一样，包括启动周期、跳机、燃料类型和质量、燃烧温度和为控制排放或者增加出力而注的蒸汽或水。然而，燃烧系统有一些其他特别的因素，其中一个是代表燃料配比的运行模式。当处于高负荷时，对连续运行的机组采用低燃烧模式会增加维修系数，进而明显缩短维修间隔期；另一个是声音动力学。声音动力学是由燃烧系统产生的压力振动，如果振动量级足够大，会导致严重的磨损和裂纹。因此，尽可能地在各种外部环境温度和负荷下，对运行中机组全程监测燃烧动态。

2.2.4 缸体部件

大多数GE生产的燃气轮机包含进气缸、压气机缸、压气机排气缸、透平缸和透平排气缸。压气机排气缸内缸通常连在压气机排气缸上。这些缸体为轴瓦、燃机转子和通流部件提供了最基本的支撑。

在每一次燃烧部件检查、热通道检查和大修时，所有缸体的外表面都要进行目视检查，以确认是否有裂纹和部件松落发生。对于缸体内表面，只要具备条件就需要对其进行检查。不同类型的检修决定那些缸体内表面可以被检查到。当对通流进行孔探检查时，建议对进气缸，压气机 缸和压气机排气缸进行孔探检查。在大修时要对所有缸体的内表面进行目视检查。

缸体需要检查的关键区域包括：螺栓孔；透平缸上复环定位销孔和孔探孔；压气机静叶根槽；透平缸复环根槽；压气机排气缸内支撑；压气机排气缸内缸和压气机排气缸内缸螺栓；进气缸轴承座；进气缸和透平排气缸内支撑；抽气母管（对外物）。

2.2.5 排气扩散器部件

GE燃气轮机的排气扩散器分为轴向和径向两种布局。这两种布局的扩散器均包含前和后两部分。通常扩散器前部是轴向设计，而后部则分为轴向和径向两种。F级燃气轮机采用的是轴向设计，而B级和E级燃气轮机采用的则是径向型设计。

排气扩散器在机组运行时要承受高通流温度和高振动。由于极端的运行工况和周期性的运行特性，排气扩散器的金属薄板表面和焊接结合部位经常会产生裂纹。除此之外，长时间在高温下运行也会导致磨蚀的发生。在每次燃烧部件检查、热通道检查和大修时都要对排气扩散器进行检查，以确认是否有裂纹及磨蚀现象发生。

除了上述检查，弹性密封、L-密封和中分面垫片在每次燃烧部件检查、热通道检查和大修时都要检查是否磨损或损坏，并及时更换。排气扩散器需要检查的关键区域包括：内支撑的进气边和排气边；径向布置中的排气导叶（6B级、E级）；内外表面的隔热板；与透平排气缸相连接的夹板接触面（仅限大修）；弹性密封；水平中分面密封垫片。

2.2.6 燃机本体部件的冷却

燃气轮机本体冷却方式如图 2.5 所示。

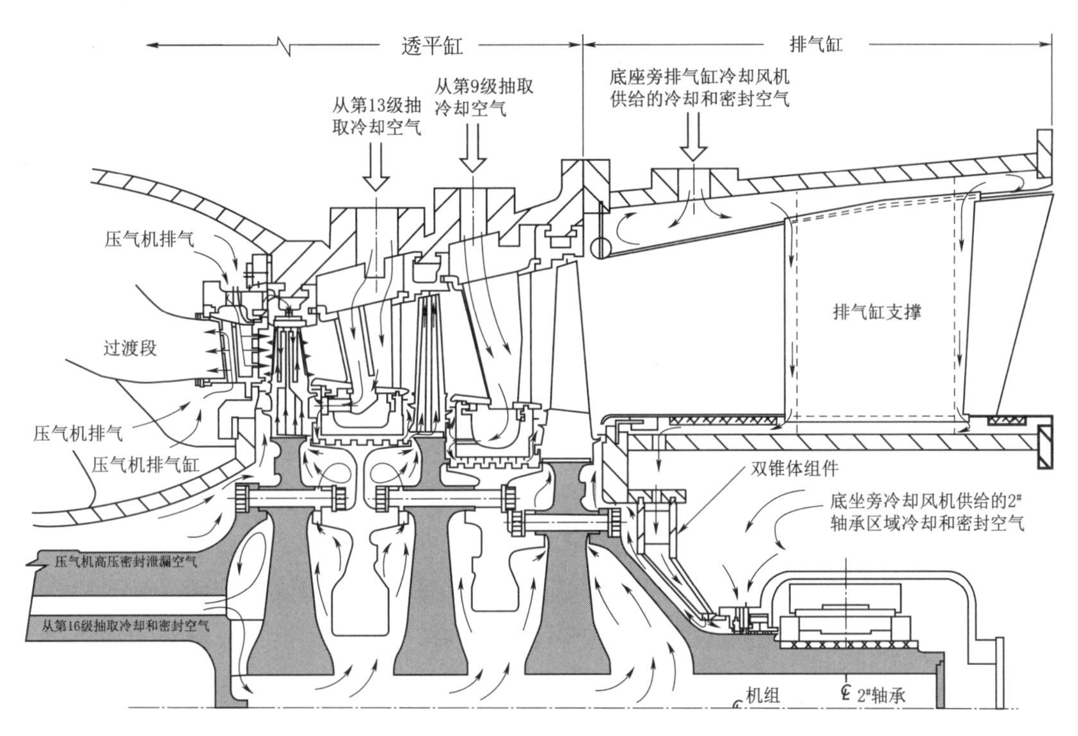

图 2.5 燃气轮机本体冷却方式

第3章

燃气轮机检修周期与策略

3.1 检修计划的制定及检修周期的确定

需要说明的是，本书是以通用电气的9FA燃气轮机为基础，对燃气轮机检修维护进行介绍。

重型燃气轮机的基本设计和检修的建议是为了达到以下目标：

(1) 检修和大修之间的最长运行周期。

(2) 现成在位检查和维修。

(3) 使用当地的技术力量进行拆卸、检查和复装。

3.1.1 检修计划

由于燃气轮机所使用燃料的多样性和运行方式的多样化，会对燃气轮机检修计划的制定产生很大的影响。影响燃气轮机检修计划的主要因素如图3.1所示，而燃气轮机的运行方式又将决定每一个因素的轻重。

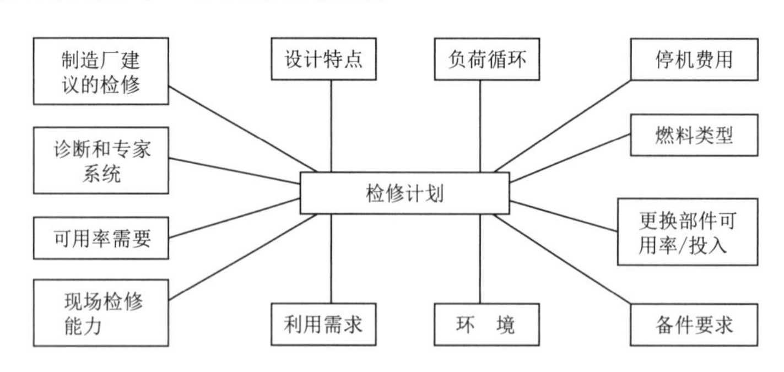

图3.1　影响燃气轮机检修计划的主要因素

燃气轮机中特别需要关注的是那些与燃烧过程有联系的及暴露在从燃烧系统中排出的高温烟气中的部件，即火焰筒、联焰管和过渡段等燃烧系统部件及透平喷嘴、透平护环和透平动叶等热通道部件。由于它们在腐蚀性的高温环境里工作，所以发生故障的概率也就比较高，检修中应予以充分的关注。由于材料、加工工艺及涂层等原因，这些高温部件价格很昂贵，是检修的备品备件费用中的主要部分，所以燃气轮机电厂应严密监视机组的运行，尽可能地避免超温运行、尖峰负荷运行，每次开机尽可能地多运行一些时间，尽量减少超温和频繁的交变热应力对这些高温部件所造成的损害，以延长这些高温部件的使用寿命，提高电厂的经济效益。

燃气轮机检修计划的制定和检修周期的确定就是根据图 3.1 所示的影响检修计划的主要因素和机组的运行方式来决定的。在图 3.1 所示的影响检修计划的主要因素中，起主导作用的，也就是影响检修和设备寿命的因素是机组的运行方式、燃烧温度、燃料和注水/蒸汽。对连续负荷运行的机组，影响机组寿命的主要因素是氧化腐蚀和蠕变，而影响周期负荷运行（调峰）机组寿命的主要是热力机械疲劳；燃料对机组检修周期的影响是显而易见的，因为燃料不同，燃料中对金属材料有害的杂质的含量就不同，所以对机组的燃烧系统部件、热通道部件及透平排气部件所造成的损害也就不同，在图 3.2 中列出了各有关因素的热通道（喷嘴和动叶片）检修系数。

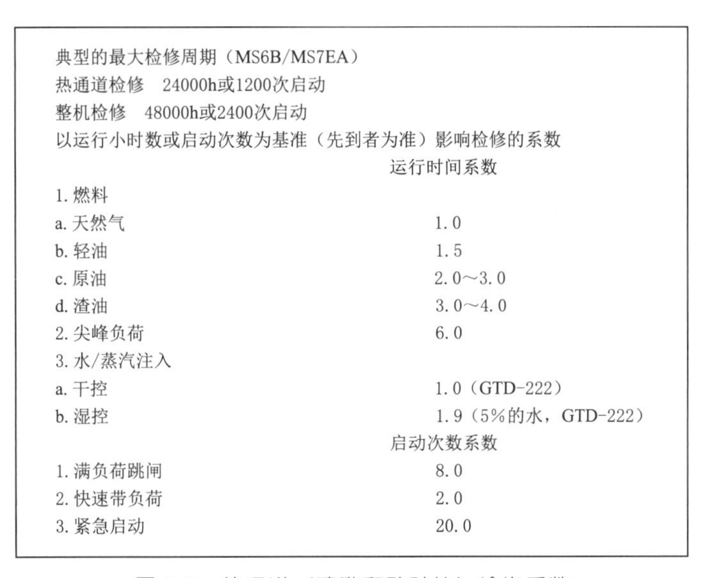
典型的最大检修周期（MS6B/MS7EA）
热通道检修　24000h或1200次启动
整机检修　48000h或2400次启动
以运行小时数或启动次数为基准（先到者为准）影响检修的系数

	运行时间系数
1. 燃料	
a. 天然气	1.0
b. 轻油	1.5
c. 原油	2.0～3.0
d. 渣油	3.0～4.0
2. 尖峰负荷	6.0
3. 水/蒸汽注入	
a. 干控	1.0（GTD-222）
b. 湿控	1.9（5%的水，GTD-222）
	启动次数系数
1. 满负荷跳闸	8.0
2. 快速带负荷	2.0
3. 紧急启动	20.0

图 3.2　热通道（喷嘴和动叶片）检修系数

图 3.3 所示的曲线为燃料对检修系数影响的曲线，由于燃料类型不同，燃料中所含氢的质量百分比也不同，对检修的影响自然也就不同。由图 3.3 中曲线可以看出，燃料中所含氢的质量百分比越小，检修的周期越短；反之检修周期就越长。

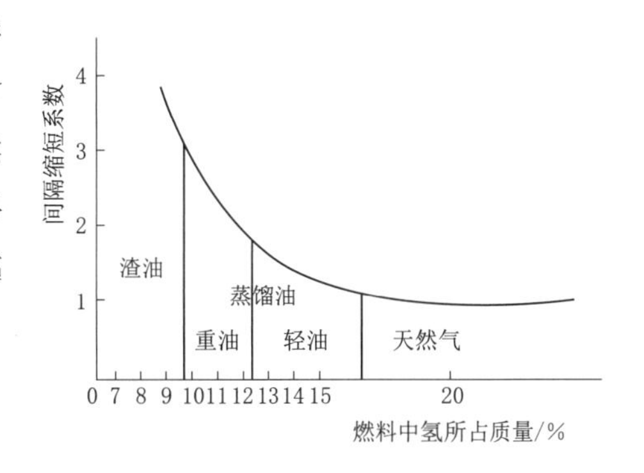

图 3.3　燃料类型对检修的影响

3.1.2　检修周期

GE 所推荐的表 3.1 中的检修周期是以烧

天然气、基本负荷运行且没有注水或注蒸汽作为基本条件的，当机组的实际运行情况与上述基本条件不同时，机组的真实的检修周期应由推荐的检修周期除以一个大于 1 的检修系数，而检修系数的大小由燃料类型、尖峰负荷运行时间、注水/蒸汽的情况、正常负荷启动停机的循环次数、部分负荷启动停机的次数、紧急启动的次数、跳闸次数等因素确定。

表 3.1　推荐的检修周期

检测形式	（运行时间/h）/启动次数			
	MS6B	MS7E/EA	MS9E	MS6F[①]/7F/9F
燃烧系统	12000/1200	8000/800	8000/800	8000/400
热通道	24000/1200	24000/1200	24000/900	24000/900
整机	48000/2400	48000/2400	48000/2400	48000/2400
转子	—	—	—	144000/5000

① 转子检修周期不适用于 MS6F 机组。

1. 热通道检修周期

热通道检修周期分为以运行时数为基准和以启动次数为基准，这两种热通道的检修周期无论哪一种先达到，均应进行热通道的检修。

（1）以运行时数为基准的热通道检修周期计算为

$$\text{检修周期(运行时数)}=\frac{24000\text{h}}{\text{检修系数}}$$

其中

$$\text{检修系数}=\frac{\text{因素时间}}{\text{实际时间}}$$

而

$$\text{因素时间}=(K+M+I)(G+1.5D+A_f H+6P)$$

式中　G——用天然气每年按基本负荷运行的时数；

D——用轻油每年按基本负荷运行的时数；

H——用重油每年按基本负荷运行的时数；

A_f——重油严重系数（渣油 $A_f=3\sim4$，原油 $A_f=2\sim3$）；

P——每年尖峰负荷运行的时数；

I——水/蒸汽注入占进气流量的百分比；

M 和 K——水/蒸汽注入常数。

M/K（水/蒸汽注入常数）见表 3.2。

表 3.2　M/K（水/蒸汽注入常数）

M	K	控　制	蒸汽注入量	N2/N3 材料
0	1	干	$<2.2\%$	GTD-222/FSX-414
0	1	干	$>2.2\%$	GTD-222

续表

M	K	控 制	蒸汽注入量	N2/N3 材料
0.18	0.6	干	>2.2%	FSX-414
0.18	1	湿	>0	GTD-222
0.55	1	湿	>0	FSX-414

（2）以启动次数为基准的热通道检修周期计算为

$$检修周期(启动次数)=\frac{S}{检修系数}$$

其中
$$检修系数=\frac{因素次数}{实际启动次数}$$

而
$$因素次数=0.5NA+NB+1.3NP+20E+2F+\sum_{i=1}^{n}\alpha_{Ti}T_i$$

$$实际启动次数=NA+NB+NP+E+F+T$$

S——因机组型号而异的以启动次数为基准的最大检修周期；

NA——每年部分负荷启动停机循环次数（负荷 60%）；

NB——每年正常基本负荷启动停机循环次数；

NP——每年尖峰负荷启动停机循环次数；

E——每年紧急启动次数；

F——每年快速升负荷启动次数；

T——每年跳闸次数；

α_T——跳闸严重系数$=f$(负荷)；

n——跳闸种类数（如满负荷，部分负荷等）。

不同机型以启动次数为基准的最大检修周期见表 3.3。

表 3.3　　不同机型以启动次数为基准的最大检修周期

机 型	MS6B/MS7EA	MS6FA	MS9E	MS7E/7FA/9F/9FA
S	1200	1200	900	900

2. 转子检修周期

转子检修周期分为以运行时数为基准和以启动次数为基准，跟热通道检修一样，无论哪一种先达到，均应进行转子的检修。

（1）以运行时数为基准的转子检修周期计算为

$$转子检修周期(运行时数)=\frac{144000}{检修系数}$$

其中
$$检修系数=\frac{H+2P+2TG}{H+P}$$

式中 H——基本负荷运行时数；

P——尖峰负荷运行时数；

TG——盘车时数。

（2）以启动次数为基准的转子检修周期计算为

$$\text{转子检修周期(启动次数)}=\frac{5000\text{(不要达到 5000 次)}}{\text{检修系数(检修系数}\geqslant 1\text{)}}$$

其中

$$\text{检修系数}=\frac{F_{h}N_{h}+F_{w1}N_{w1}+F_{w2}N_{w2}+F_{c}N_{c}+F_{t}N_{t}}{N_{h}+N_{w1}+N_{w2}+N_{c}}$$

式中 F_{h}——热启动系数（停机 1～4h）；

F_{w1}——暖启动 1 系数（停机 4～20h）；

F_{w2}——暖启动 2 系数（停机 20～40h）；

F_{c}——冷启动系数（停机超过 40h）；

F_{t}——甩负荷跳闸系数；

N_{h}——热启动次数；

N_{w1}——暖启动 1 次数；

N_{w2}——暖启动 2 次数；

N_{c}——冷启动次数；

N_{t}——跳闸次数。

运行方式对维修系数的影响见表 3.4。注意，在停机后 1h 内重新启动时用冷启动的转子维修系数。

表 3.4 运行方式对维修系数的影响

系数	转子的维修系数	
	快速启动	正常启动
热启动系数（1～4h 停机）	1	0.5
暖机启动 1 系数（4～20h 停机）	1.8	0.9
暖机启动 2 系数（20～40h 停机）	2.8	1.4
冷启动系数（大于 40h 停机）	4	2
甩负荷系数	4	4
热启动系数（0～1h 停机）	4	2

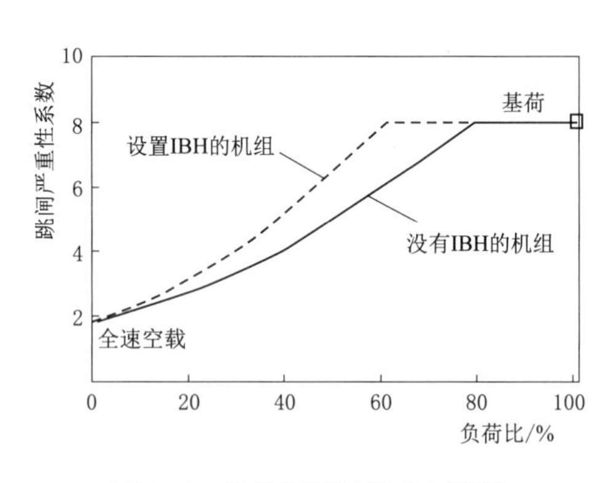

图 3.4 甩负荷跳闸的检修系数

甩负荷跳闸的检修系数如图 3.4 所示。上述可以确定热通道和整机（即大修）的检修周期，但燃烧系统的检修周期没有给出这样的形式，对于燃烧系统设备的时间、燃料、稀释剂种类和排放水平都分别给出了建议，对于特定应用方式的机组的燃烧系统检修周期可由燃气轮机制造厂商的现场服务代表给予推荐，或参照 MS7001EA 燃烧系统检修周期的例子（由表3.5）来确定。

表3.5　推荐的MS7001EA燃烧系统检修周期

燃烧室设计	NO_x 排放 /(×10^{-6})	稀释剂	燃料	
			天然气	轻油
			(运行时数/h)/启动次数	
标准燃烧室	65	干	8000/800	8000/800
		蒸汽	—	8000/400
		水	—	6500/300
	42	蒸汽	8000/400	3000/150
		水	6500/300	1500/100
多喷嘴燃烧室	42	蒸汽	—	6000/300
		水	—	6500/300
	25	蒸汽	8000/400	—
		水	8000/400	—
干低 NO_x	25	干	8000/400	—

注：Extendor燃烧系统耐磨件使燃烧检修延至24000h。

制定检修计划和确定检修周期时除了根据燃气轮机制造厂商提供的技术文件和推荐的检修周期之外，还应在机组停机时利用孔探仪对机组的实际运行状况进行检查，综合考虑孔探仪检查的情况和机组在实际运行的过程中发现的问题来确定具体的检修日期和检修范围，以确保机组运行的安全可靠和降低检修的费用。

3.2　检修的分类

维修检查大致可分为停机备用检查、运行检查和分解检查。

3.2.1　停机备用检查

所有停机备用的机组都需要定期进行检查，尤其是以启动可靠性作为主要要求的调峰机组或间断运行的机组。这种检查包括机组各系统日常维护和清洁，更换过滤器、检查水位和油位，检查和标定各类测量元件和仪表等。而定期启动机组运行则是这种检查的关键部分。

3.2.2　运行检查

运行检查的主要内容是全面地、连续地观察机组的运行数据。这种检查以记录新机或大修后的机组首次运行的数据，并以这些数据为参考基准开始，此后通过对运行数据的分析比较，可以发现机组是否恶化的各种迹象。基准数据应包括机组正常起动参数及稳态运行参数。所谓稳态运行，是指在15min内，机组轮间温度的变化不超过5℉(3℃)。此后，应定期观察和记录机组的这些数据，以便评估机组的性能和所需的维修程度随时间的变化。运行检查记录的主要数据列于表3.6。

表3.6　　运行检查主要数据

转速	压力 压气机排气 滑油泵 滑油母管 冷却水 燃料 过滤器（燃料、滑油、进口空气）
负荷	
启动次数	
运行小时	
现场大气压力 温度 环境进气 压气机排气 透平排气 透下轮间 滑油母管 滑油箱 轴承回油 排气温度分散度	各种功率下的振动数据
	发电机 输出电压　励磁电压 相电流　励磁电流 无功功率　静子温度 有功功率　振动
	启动时间
	随走时间

其中一些数据最好能绘制成曲线，如启动参数（转速、排气温度、振动）随时间的变化曲线，负荷随排气温度的变化曲线，振动随负荷的变化曲线等。

参数异常必然和机组的内部零部损坏或系统故障相联系，因此运行检查是判断机组性能和状态的最有力措施，也是判断机组能否按预定的周期作分解检查的关键。

3.2.3 分解检查

分解检查要求局部或全部打开机组以检查内部的零部件，这类检查包括燃烧检查，热通道检查和整机检查（大修）。

1. 燃烧系统检查（CI检修，亦称小修）

由于燃烧系统是燃气轮机中工作温度最高的，所以燃烧系统的部件出故障的概率也就多些，燃烧系统的检查，即小修的周期也就最短。燃烧系统检查的目的是消除燃烧系统中影响机组安全运行的因素。根据机组型号的不同，以烧天然气、基本负荷运行且没有注水或注蒸汽作为基本条件所推荐的检修周期也不同。燃烧系统检修的范围包括从燃料喷嘴开始到过渡段为止的整个燃烧系统的所有部件，如图3.5所示。

燃烧系统是燃气轮机各组成部分中变化最大、型式最多的一个组成部分，所以其检修的方式方法和技术要求的变化也最多。如GE系统的燃气轮机基本都是采用逆流

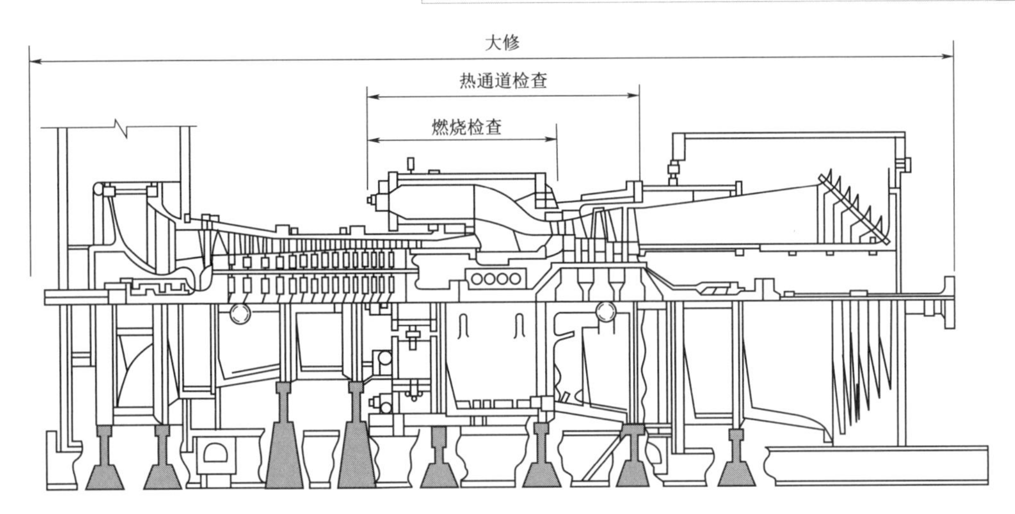

图 3.5 各种检修的工作范围

分管式燃烧系统，如图 3.6～图 3.7 所示，只是由于机组容量的不同，分管式燃烧室的数量有所不同而已，如 MS6001B 型燃气轮机有 10 个分管式燃烧室，而 MS9001E 型燃气轮机有 14 个分管式燃烧室。

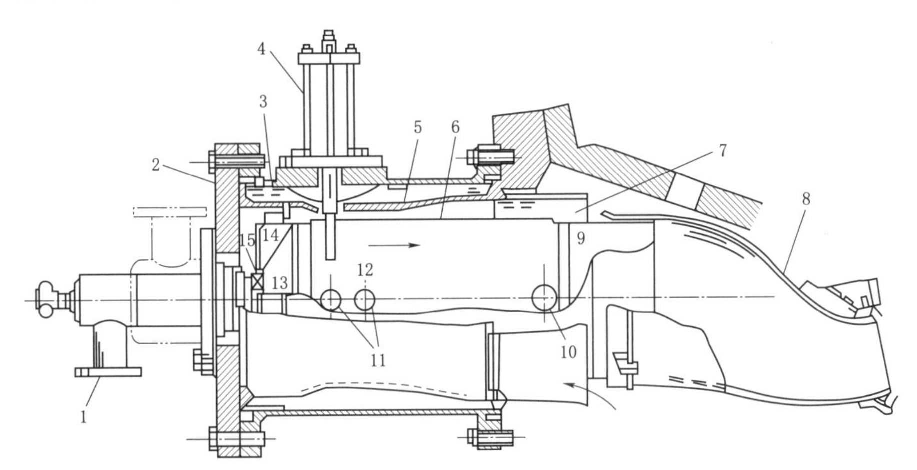

图 3.6 MS6001 系列燃气轮机上采用的分管型燃烧室的总成图

1—燃料喷嘴；2—盖板；3—外壳；4—点火器；5—导流衬套；6—火焰筒；7—环腔；8—过渡段；9—混合区；10—混合射流孔；11—一次射流孔；12—燃烧区；13—过渡锥顶；14—配气盖板；15—旋流器

德国 Siemens 公司生产的燃气轮机多采用圆筒式燃烧室和环形燃烧室，双立式圆筒形燃烧室结构如图 3.8 所示。

图 3.9 是二次燃烧的环形燃烧室结构，这种结构形式虽增加了转子的轴向长度，但可以降低燃气轮机的初温，也就是降低燃烧温度，从而达到降低 NO，排放造成的污染且保持较高的机组热效率。由此可见，燃气轮机燃烧系统的变化还是很大的，因此燃烧系统检修的方式方法也应有很大的差异。

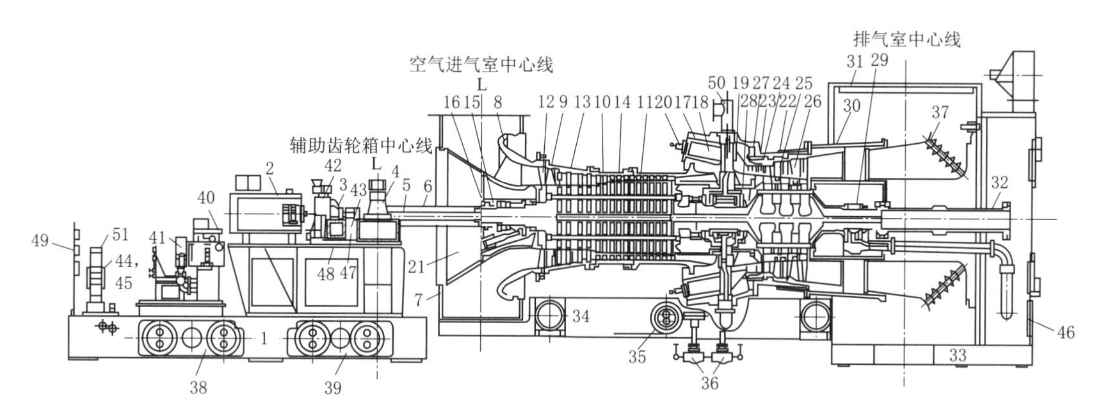

图 3.7　9E 型燃气轮机的结构图

1—辅机底盘；2—启动电动机；3—液力变扭器；4—辅助齿轮箱；5—辅助联轴器；6—辅助联轴器罩壳；7—进气室；8—压气机进气缸；9—压气机前缸；10—压气机后缸；11—压气机排气缸；12—进口可转导叶；13—压气机静叶片；14—压气机转子；15—1# 轴承；16—高压磁性传感器；17—燃烧室外缸；18—火焰筒；19—过渡段；20—燃料喷嘴；21—进口圆锥；22—透平气缸；23—支承环；24—透平一级喷嘴；25—透平二级喷嘴；26—透平三级喷嘴；27—透平喷嘴；28—2# 轴承；29—3# 轴承；30—排气框架；31—排气室；32—负荷联轴器；33—排气室底盘；34—透平底盘；35—雾化空气预冷器；36—燃料喷嘴清吹控制阀；37—排气扩压器；38—滑油冷却器；39—滑油过滤器；40—燃油过滤器；41—燃油截止阀；42—辅助液压阀；43—主液压泵；44—辅助滑油泵；45—事故（应急）滑油泵；46—负荷驱动间；47—液压模件；48—启动装置座；49—仪表盘；50—2# 轴承排汽管；51—密封油泵

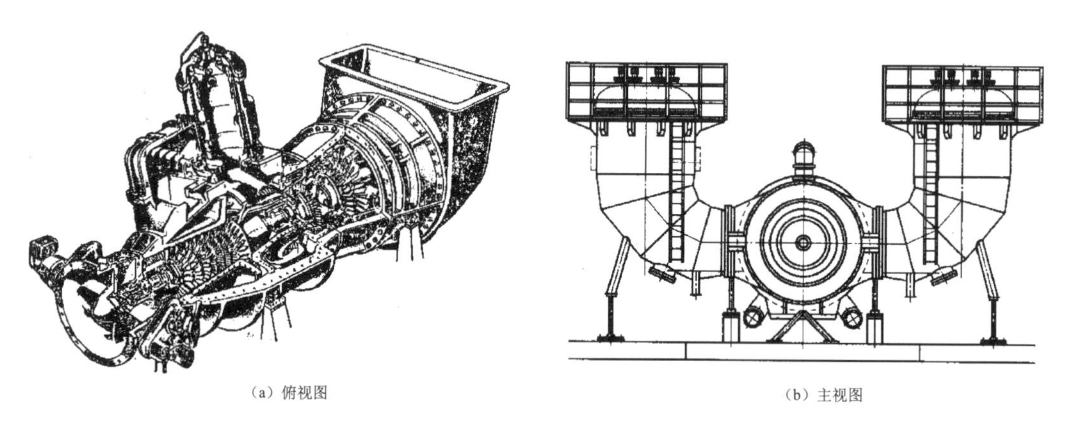

图 3.8　双立式圆筒形燃烧室结构

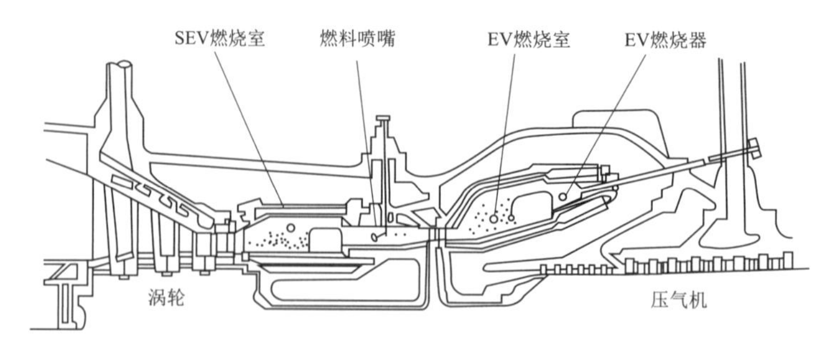

图 3.9　二次燃烧的环形燃烧室结构

目前，我国各燃机电厂使用的燃气轮发电机组，无论是引进机组还是国产机组，主要是以 GE 系列的燃气轮机为主。根据 GE 系列燃气轮机的分管式燃烧系统，其检修的主要工作是拆下燃料喷嘴，打开燃烧室端盖，拆出联焰管、火焰筒、过渡段和导流衬套，重点检查燃料喷嘴、火焰筒、过渡段、联焰管、导流衬套、单向阀、火花塞和火焰探测器等零部件，检查其积碳、结垢、烧蚀、烧融、烧穿、裂纹、腐蚀、涂层剥落等情况，并检查单向阀的密封性和开启压力、火花塞和火焰探测器的性能等。对某些可以现场修复的零部件现场修复后回用；对某些现场不能修复的更换新件，换下的旧件送制造厂或专门的修理厂修复后作为下次检修时的备件，以降低检修中备品备件的费用。

通常，在维修中往往需要首先更换或修理这些零部件，同时保持这些零部件的良好状态，是对下游零部件如透平喷嘴和动叶的寿命的保障。

具体检查内容如下：

（1）检查每一个联焰管、持环和火焰筒。

（2）检查燃烧室内部是否有碎金属片或外物。

（3）检查导流套焊缝是否有裂纹。

（4）检查过渡段是否有磨损和裂纹。

（5）检查燃料喷嘴是否有积炭、旋流器是否堵塞、旋流器孔是否磨损。

（6）检查燃料喷嘴各流体（油、雾化空气、气体燃料）通道是否堵塞、磨损或烧伤。

（7）检查火花塞组件特别是电极和绝缘层的状态是否完好。

（8）更换所有易耗件和易损件，如密封片、锁紧片、垫片等，必要时包括螺栓和螺母。

（9）目测检查第一级喷嘴和孔探仪检查第一级透平动叶，记录其磨损和变形程度，以帮助制定热通道的检查计划。

（10）孔探仪观察压气机后端的动叶状态。

（11）目测检查压气机进气和透平排气区域，检查进口导叶及其衬套，检查末级动叶和排气系统部件。

（12）检查燃油系统的清吹阀和单向阀。

2. 热通道检查（HGPI 检修，亦称中修）

热通道部分是燃气轮机各部分中工作温度仅次于燃烧系统的工作温度，是燃气轮机中将工质的热能和压力能转换成机械功的部分，并且是高速旋转件，可以说是燃气轮机的各组成部分中工作条件最恶劣的部分，尽管热通道部分的零部件采用了耐热合金钢，并采取了尽可能完善的冷却技术和抗氧化、抗腐蚀的涂层，发生故障的概率还是较高的，所以必须定期进行检修，其检修的周期比燃烧系统的检修周期长些。

由图 3.5 可知，热通道检修的范围包括从燃料喷嘴开始到透平末级动叶为止的所有零部件，由此可知热通道检修时也要进行燃烧系统的检查，检查的内容和技术要求可查阅3.1.1节，在此不赘述。热通道检查的主要部分是透平通流部分，吊起透平上缸，拆吊出一级喷嘴的上下半；其他几级喷嘴是否拆吊出根据实际情况而定；检查诸级喷嘴和动叶的积垢、裂纹、烧蚀、腐蚀、烧融、外物击伤、涂层剥落及其他的损坏情况；检查各级护环的烧蚀、烧融、腐蚀和其他的损坏情况；检查压气机进口可转导叶及两端衬套的情况，并用孔探仪检查压气机的叶片。仔细、彻底地清除透平喷嘴叶片和动叶片上的积垢，必要时更换某些受损严重的零部件，特别是一级喷嘴。通常在热通道检查期间对辅机部分也进行检查，打开辅助齿轮箱检查各传动轴的轴颈和轴瓦，检查燃油泵、燃油分配器及燃油旁通阀，检查主滑油泵、交流辅助滑油泵、直流应急（事故）滑油泵，检查冷却水泵、液压油泵、各种油滤的滤芯，滑油冷却器和雾化空气预冷器等，必要时还要检查燃油的前置系统，清洗和检查进气过滤器室，甚至更换过滤元件。以期通过热通道检查消除热通道部分运行中已发现的故障和运行中虽未发现但已存在的各种隐患，从而提高机组运行的安全可靠性，并提高机组的出力和热效率。

典型的热通道检查的主要内容如下：

（1）检查和记录第一、第二、第三级动叶的状态。如果需要拆下透平动叶，拆卸时必须作详细记录，对第一级透平动叶的涂层，评估其剩余寿命。

（2）检查和记录第一、第二、第三级喷嘴的状态。

（3）检查和记录末级喷嘴隔板的状态，检查其密封的碰擦情况和间隙变化。

（4）记录动叶叶顶间隙，检查动叶叶柄密封的间隙、碰擦和变形。

（5）检查透平静子护环的间隙、裂纹、碰擦和积垢。

（6）检查和更换有问题的轮间热电偶。

（7）进入压气机进气室观察压气机前端的状态，特别要关注进口导叶，检查衬套的腐蚀磨损（其迹象是间隙过大）和叶片的裂纹。

（8）用孔探仪观察压气机后端动叶的状态。

（9）目测检查透平排气区域的裂纹和变形迹象。

3. 整机检查（MI检修，亦称大修）

由图3.5可知，大修的范围包括从压气机的进气室开始到透平排气室为止的所有零部件。由此可知大修中亦包括了燃烧检查和热通道检查两部分，这两部分的检查内容和技术要求可查阅3.1.1节，在此不赘述。大修中除吊下透平上缸之外，还要吊下压气机的进气弯头、压气机的进气上缸、前缸的上缸、后缸的上缸、压气机的排气缸上缸及排气内缸的上缸；吊下透平排气缸上缸；吊下辅助联轴器和负荷联轴器；吊下机组各轴承的上轴承盖、上半轴瓦，最终吊出压气机和透平的转子；并且还要拆下透平的诸级喷嘴。仔细检查压气机各级动叶和静叶的积垢及外物击伤的情况，并进行彻底清洗，仔细检查各轴颈的划痕、摩擦损伤、椭圆度和锥度并进行相应的处理；仔细检查各轴瓦的顶隙、侧隙、划痕和摩擦损伤并进行相应的处理；仔细检查各轴承座的紧力、油封和气封的间隙等；检查压气机进气系统和透平排气系统，必要时进行相应的处理。

大修是所有检修中工作量最大、耗时最长、所需备品备件最多的一项检修工作，费用也最高，所以各燃气轮机电厂均对此给予极大的关注，期望通过大修不仅要消除运行过程中已发现的各种不正常现象，也希望消除运行过程中虽未发现但已存在的危及机组安全运行的各种隐患，从而提高大修后机组运行的安全可靠性，所以大修工作，是一项非常严谨而仔细，技术要求很高的工作。大修之前必须彻底了解燃气轮机制造厂商提供的所有技术文件和有关的规程，并以此为依据仔细施工，以保证检修的质量。

许多燃气轮机制造厂商，根据自己所生产机组多年的运行经验，对某些零部件的修复和更换周期给燃气轮机电厂推荐了一些参考图表，电厂可按这类图表确定是否对零部件进行拆下修复以作下次检修时的备件或更换后报废，这样既确保了机组安全运行，又可以降低检修中备品备件的费用，尤其在备品备件多为进口的情况下，这一点显得尤为重要。下面的几张图表就是GE公司为自己生产的几种型号的机组向电厂推荐的某些零部件的修复和更换周期。表3.7是早期生产的E型技术的燃气轮机某些零部件的修复和更换周期，表3.8是早期生产的F型技术的燃气轮机某些零部件的修复和更换周期，表3.9是近期生产的F型技术的燃气轮机某些零部件的修复和更换周期。

表3.7　NLS6001B/MS7001EA/MS9001E某些零部件的修复和更换周期

零部件名称	修复周期	更换周期（运行时间）	更换周期（启动次数）
火焰筒	CI	5（CI）	5（CI）
过渡段	CI	6（CI）	6（CI）
燃料喷嘴	CI	3（CI）	3（CI）
联焰管	CI	3（CI）	3（CI）
燃油分配器（轻油）	CI	3（CI）	3（CI）
燃油泵（轻油）	CI	3（CI）	3（CI）
一级喷嘴	HGPI	3（HGPI）	3（HGPI）
二级喷嘴	HGPI	3（HGPI）	3（HGPI）
三级喷嘴	HGPI	3（HGPI）	3（HGPI）
一级动叶	HGPI①	2（HGPI）/3（HGPI）②	3（HGPI）
二级动叶	HGPI	3（HGPI）	4（HGPI）
三级动叶	HGPI	3（HGPI）	4（HGPI）
一级护环	HGPI	2（HGPI）	2（HGPI）
二和三级护环	HGPI	3（HGPI）	4（HGPI）

注： CI为燃烧系统检查周期；HGPI为热通道检查周期。

① 按以运行时间为基准的热通道检查周期进行重涂。

② 2—没有重涂的热通道检查周期；3—有重涂的热通道检查周期。

表 3.8　PG6101（FA）/PG7191（F）/PG7221（FA）/PG9301（F）/PG9331（FA）某些零部件的修复和更换周期

零部件名称	修复周期	更换周期（运行时间）	更换周期（启动次数）
火焰筒	CI	5（CI）①	5（CI）
端盖	CI	5（CI））①	5（CI）
过渡段	CI	5（CI）①	5（CI）
燃料喷嘴	CI	3（CI）	3（CI）
联焰管	CI	3（CI）	3（CI）
一级喷嘴	HGPI	3（HGPI）	3（HGPI）
二级喷嘴	HGPI	3（HGPI）	3（HGPI）
三级喷嘴	HGPI	3（HGPI）	3（HGPI）
一级护环	HGPI	2（HGPI）②	2（HGPI）
二级护环	HGPI	2（HGPI）②	2（HGPI）
三级护环	HGPI	3（HGPI）	3（HGPI）
排气室	HGPI		
一级动叶	HGPI	2（HGPI）/3（HGPI））③	2（HGPI）
二级动叶	HGPI	3（HGPI）④	3（HGPI）④
三级动叶	HGPI	3（HGPI）④	3（HGPI）④

注： GI 为燃烧系统检查周期；HGPI 为热通道检查周期。

① 现在的零部件可能无法达到这个时间间隔。

② 目标是要达到 3（HGPI），根据机组负责人的经验而定。

③ 要求 7FA 部件或有 G133INPLUS 涂层和其他设计改进的 7FA 部件；同时要求在每次 HGPI 时进行修复和重新涂层。

④ 叶冠加焊硬面，并在第一次 HGPI 时重新涂层才能达到 3HGPI 的更换寿命。

表 3.9　PG9351FA 某些零部件的修复和更换周期

零部件名称	修复周期	更换周期（运行时间）	更换周期（启动次数）
火焰筒	CI	5（CI）	5（CI）
端盖	CI	5（CI）	5（CI）
过渡段	CI	5（CI）	5（CI）
燃料喷嘴	CI	3（CI）	3（CI）
联焰管	CI	3（CI）	3（CI）
一级喷嘴	HGPI	2（HGPI）①	2（HGPI）①
二级喷嘴	HGPI	2（HGPI）①	2（HGPI）①
三级喷嘴	HGPI	3（HGPI）	3（HGPI）
一级护环	HGPI	2（HGPI）①	2（HGPI）①
二级护环	HGPI	2（HGPI）①	2（HGPI）①

续表

零部件名称	修复周期	更换周期（运行时间）	更换周期（启动次数）
三级护环	HGPI	3（HGPI）	3（HGPI）
排气室	HGPI		
一级动叶	HGPI	3（HGPI）①	2（HGPI）
二级动叶	HGPI	1（HGPI）③	3（HGPI）②
三级动叶	HGPI	I（HGPI）③	3（HGPI）

注： CI为燃烧系统检查周期；HGPI为热通道检查周期。

① 目标是要达到3（HGPI），根据机组负责人的经验而定，并且每次HGPI时进行修复和重新涂层。

② 要达到3（HGPI）的更换寿命需要在第一次HGPI时重新涂层。

③ 此二项有误，很可能是右边相同二项的更换寿命—作者注。

整机检查的具体要求如下：

（1）检查所有的径向和轴向间隙（揭缸和合缸），并和原始数据相比较。

（2）检查所有的气缸的裂纹和腐蚀。

（3）检查压气机进气和内部流道的污垢、磨损、腐蚀和泄漏，检查进口导叶的衬套的腐蚀、磨损和叶片的裂纹。

（4）检查压气机动、静叶的叶顶间隙、碰擦、撞击损坏、腐蚀坑、弯曲和裂纹。

（5）检查透平静止护环的间隙、磨损、碰擦、裂纹和积垢。

（6）检查喷嘴和隔板密封的碰擦、腐蚀和热变形。

（7）拆下透平动叶，对叶片及轮盘上的根槽作无损探伤，评估第一级动叶的涂层，以判断其剩余寿命，无涂层的第一级动叶应在热通道检查时更换。

（8）检查轴瓦和轴封的间隙和磨损。

（9）检查进气系统的腐蚀、零件松动、消音器是否开裂。

（10）检查排气系统的裂纹、消音片及绝热层是否破损。

（11）检查燃气轮机对发电机、燃气轮机对辅件齿轮的对中。

第4章

燃机大修作业指导

本章以9FA级燃气轮机为例介绍大修作业，可为其他发电用重型燃气轮机大修提供参考。

4.1 检修前的准备工作

对电厂来说，检修工作是项很重要的工作，所以在开始施工之前，需要完成大量的准备工作，只有各项准备工作都完成之后才可以进行施工，这不仅涉及检修工作的顺利进行，检修工作的质量，还涉及机组能否安全运行并达到预期的提高出力和热效率的目的。检修前的准备工作有以下四方面。

4.1.1 监理单位和检修队伍的确定

有的燃气轮机电厂，已运行多年，经过了多次检修，且电厂里具有较雄厚的熟悉运行和检修方面的技术人员，在此情况下，可以由本厂相关技术人员担任检修的监理工作，而不必外聘监理单位。但有些燃气轮机电厂由于运行时间较短，检修的次数较少，或由于电厂的技术力量比较薄弱，没有能力承担起监理工作，在此情况下，就需要外聘有资格，更要有能力的监理单位，承担起检修中的监理工作。

由于监理单位全面代表电厂进行检修队伍的确定、检修中的全面质量管理和工程进度的管理，所以其工作极其重要，电厂在选择监理单位时必须慎之又慎，既要看其资质更要看其实际的业务能力和业绩，这对保证检修工作的进度和质量，确保机组的安全运行和达到预期的效果具有决定性的作用。在监理单位确定之后就要选择和确定检修队伍，这也是保证检修工作按期高质量完成的关键之举，所以在进行检修队伍招标时，不仅要考量各投标单位的报价，更重要的是确保各投标单位的技术力量和业绩。如果检修队伍的人员素质高、技术力量强，从事过多台同类型机组的检修工作，具有丰富的检修工作经验，则检修工作的进度和质量就有了保障。如果检修质量不好，机组在检修后的安全运行无法保障，或出力和热效率受到影响，最后受损的必定是电厂，所以电厂在确定检修队伍时要慎之又慎，严格把关。

4.1.2 备品备件的准备

备品备件的准备工作是一项非常复杂而仔细的工作，其工作量非常大，特别是对备品备件进口的情况。因为燃气轮机的备件跟国产汽轮机的备件完全不一样，国产汽轮机的备件只要标明备件的名称和材料就可以了，而燃气轮机的备件完全以代号表示，所以定购燃气轮机备件时必须报出该备件的代号才可以。为了准备检修所用的备件，必须要根据燃气轮机制造厂商所提供的检修资料，按部套查找出所定购备件的代号，凡是检修时要拆卸到的部套都要查找，拆卸过程中可能损坏的零件都要提出一定数量的备件。所提备件的数量是非常重要的，从检修人员的角度出发，备件越多越好，这样就没有了缺少备件而影响检修进度的后顾之忧，但备品备件的费用又占总检修费用的绝大部分，备件越多检修的总费用就越高。

虽然备件多了，检修中用不完，可作为下次检修的备件，但这样就会造成过多的备件占用大量的资金且积压在仓库里，对某些流动资金有限的电厂而言，这非常不利；但如果备件太少，检修工作可能会因备件不足而影响进度。在备品备件引进的情况下，备品备件的定购需要一定周期，有的备件的定货周期长达 6 周及以上，所以备品备件的准备是一项相当关键的工作，既不能过多而造成积压，又不能太少而影响检修的进度。这项工作通常应由熟悉检修工作的人来完成。建议此项工作最好由检修队伍来完成，电厂的人员进行审查，通过与检修人员协商而最后提出备件清单进行定购，之所以提出这样的观点，是因为检修人员应为具有丰富检修经验的人，应熟悉拆卸中哪些零件比较难拆、容易损坏，所以由检修人员负责提出备件清单最为合理稳妥。同时，电厂也应向检修人员提供燃气轮机制造厂商提供的有关检修资料。

由此可知，电厂最好在检修的 3 个月之前确定检修队伍，以便做好检修前的各项准备工作，保证检修工作的顺利进行。如果电厂已进行过多次检修，且电厂的技术人员中有参加过检修工作并熟悉检修工作的人，也可以由电厂自己确定备品备件的定购清单，但为了确保检修工作的顺利进行，最好在检修队伍确定之后，将电厂确定的备品备件清单提供给检修队伍审核，双方共同审查可以对遗漏之处及时补救，并最后确定检修的开始日期。备品备件的准备是一项关系重大的工作，无论是电厂还是检修队伍必须对此慎之又慎，不可因备件过多而占用较多的资金或因备件过少而影响了检修的进度。特别是气缸内的零部件，哪怕是缺乏一个紧固件都会导致无法盖缸，从而使大量盖缸后的工作无法顺利进行而造成损失。

4.1.3 专用工具的准备

目前，国内运行的燃气轮机几乎毫无例外的是西方国家生产的或跟西方国家合作国内生产的，无论哪一种都是按英制生产的，所有的紧固件都是英制的，所以在拆卸和复装的过程中要用到大量的、各种尺寸的英制工具，如各种规格的重型和轻型的英制棘轮扳手，各种规格的英制套筒扳手、英制梅花扳手、英制开口扳手等，此外，由于燃气轮机是高温旋转件，还要用到各种规格的英制敲击扳手及英制力矩扳手，这些工具在开工之前必须全部准备好。此外一些内径千分尺、外径千分尺、深度千分尺、钢皮尺、千分表、压力表等，也应备齐。对于9FA机组还需要拆卸缸体ITH螺栓的专用液压工器具以及分别拆卸燃机侧对轮螺栓的拉伸工具及燃机与汽机对轮螺栓的专用工具。以上所列工器具可查阅附录1。

除了拆卸和复装时所用的各种规格的英制工具、力矩扳手，以及其他专用工具等之外，还有起吊气缸和转子的各种吊具和吊索，如各种规格和长度的钢丝绳、专用尼龙绳、吊转子的专用吊具、在地面上安放转子的专用支架等，对这些工具都要进行严格而仔细的检查，以确保起吊工作的安全可靠，尤其是吊转子所用的吊具和吊索更要特别的仔细检查，因为转子是燃机的核心部件，起吊的重量最大且起吊的高度也较高，除起吊要稳妥之外，所用吊具和吊索也要绝对的安全可靠。吊具本身除要求安全可靠之外，还要求可以移动起吊重心，在起吊重心调整好之后能够锁定，以免起吊过程中重心漂移而发生事故。地面上安放转子的专用支架也要严格耐心地仔细检查，除安全可靠之外，还要可以方便地旋转转子，以便转子的清洁和更换透平动叶片。

4.1.4 技术准备

检修的技术准备主要是指检修队伍的详细的施工方案，即检修规程。检修队伍应在检修开工前的一定时间之前向监理方提供可操作的、详细的施工方案，即检修规程，供监理方和业主方审查。检修规程应详细而明了，每一步骤都应有详细的说明，说明该步骤的目的、技术要点、注意事项和操作要领等，可以说完善而正确的检修规程是检修工作的技术保障。监理方和业主方在收到检修方提供的检修规格之后必须组织有关的技术人员进行认真而仔细的逐条逐项地审查，对于规程中不清楚的或认为不妥之处，要求检修方进行详细的说明或修改，只有审查通过之后，方可考虑开始检修；如果检修规程没有通过监理方和业主方的认可，必须重新修改检修规程，将修改完善后的规程重新提交监理方和业主方审查，直到监理方和业主方认可检修方的检修规程之后，才可以考虑开始检修。

需要特别提醒监理方和业主方注意，如果检修方无法提供完善而正确的检修规程，则应该重新审查检修方的技术素质。

在进行检修队伍招标时，应要求投标者在提交标书的同时提交检修规程，对于那些检修规程不合格的投标者，取消其资格，也避免了中标者因技术素质不符合要求而造成的损失。

4.2 检修过程中的注意事项

在上述诸项准备工作完成之后，就可以开始检修工作。检修工作是一项十分重要的工作，不是由电厂单方面决定的事情，一旦决定检修，机组就要退出运行，而机组要退出运行，必须征得地区电调部门的批准，所以对开工检修的日期必须非常慎重。在某些特殊情况下，可以允许在备品备件虽没有完全到达现场，但已确认了备品备件到达现场的时间并能保证不耽误更换需求时开始检修工作（以便避开其他不利因素，如多雨的季节），保证检修工作的顺利进行。

4.2.1 检修过程中应注意的关键部位

检修工作，尤其是大修工作，是一个庞杂的大工程，需要拆卸的地方极多，同时又是很多地方同时施工，因此有些重要部位的施工必须非常慎重。

1. 拆卸前的对中检查

将检查的结果记录在有关的表格中，并且跟燃气轮机制造厂商提供的安装规程中的对中要求、机组安装时的原始对中记录或上次检修时最后复装时的对中记录进行比较，如果出入不大，甚至基本符合且停运前振动不大时，可判断基本不存在问题，复装时按拆卸时的记录进行对中即可；如果出入较大，而停运前机组运行时的振动又不大时，就要引起高度关注，应特别慎重对待。因为停运前机组运行时的振动不大，说明对中情况是良好的，而拆卸前检查时又发现对中状况是不好的，就要认真查找和分析产生这种情况的原因，究竟是拆卸前检查对中的方法跟安装对中的方法不一样，还是由其他原因所致？必须彻底弄清楚才能在复装时决定如何进行对中，对中到何种状况为止。因为通常情况下如果真的因机组振动或基础等原因导致对中发生变化，以致与安装时的对中记录有较大出人时，则机组运行时的振动值应增大。

当然了振动值增大的原因不止对中状况不好一种，还有轴承座松动、转子不平衡、热膨胀不均匀及发电机故障等多方面原因，但无论如何，只要机组的对中状况不好，就会导致机组运行时振动值增大；反之，只要机组运行时振动没有变化，则机组的对中状况也不会发生大的变化。由于对中结果的正确与否直接关系到检修后机组能否安全可靠的运行，所以必须对拆卸前的对中检查予以特别的重视，因为拆卸前的对中检查结果是复装时对中的重要依据。

2. 负荷联轴器的拆卸

在拆卸前，将负荷短轴的前后法兰上的螺栓孔及连接螺栓一一对应地做好记号，每个螺栓拆下后立即将与之配套的螺帽拧到螺栓上，以便在复装时按一一对应的记号将螺栓装入相对应的螺栓孔里再按拧紧的顺序和拧紧力矩拧紧螺栓。连接螺栓安装在距旋转中心一定距离的圆周上，注意不要因螺栓装错位置而使机组运转时产生不平衡离心力，这样可以避免复装后机组振动过大时的一个可怀疑的因素。

3. 螺栓和销子的保存

检修时，特别是大修时，拆卸的部位极多，拆下的连接螺栓和销子也极多，并且许多部位的连接螺栓的型号和规格极其相似，甚至完全一样，如果搞混了，就会给复装工作带来极大的麻烦，大大延误复装的进度。为避免这类不必要的麻烦，可购置若干大小不等的塑料编织袋，拆卸时将同一部位的螺栓及销子装在同一个塑料编织袋内，并且将销子按前后左右的顺序编号保持，以便复装时安装在原来的位置上，可以方便复装，加快复装的进度。

4. 一次性零件的更换

在检修过程中拆下的有些零件是一次性使用的，如燃烧室端盖处的垫圈、燃烧室外缸的垫片及各管道法兰处的绕缠式垫片等，都是一次性使用的零件，所以在拆卸时，必须报废这些拆下的一次性零件，绝对不可复装再用，必须更换同样型号和规格的新件。

5. 压气机和透平动静间隙的测量

在压气机和透平的上气缸完全吊下且转子完全暴露出来后，要按燃气轮机制造厂商提供的运行和维护资料上的图表测量各有关间隙。在测量时必须将测量处的积垢清除干净，否则所测得的数值就会比标准值低许多，产生不必要的疑虑，同时要确保图上所标的测点位置与实际上所测量的位置完全一致，否则就会导致错误的测量结果，最后将测量结果记录在相应的表格中。

6. 轴承的拆卸

在拆卸各轴承时要认真仔细地检查各浮动油档的间隙、各气封和油封的间隙等数据，并记录在相应的表格中。在拆卸轴承时要预先测量各振动传感器的间隙，要很仔细地拆卸各振动传感器和测温的热电偶，并分别做好标记，以便回装，将拆下的振动传感器和热电偶小心谨慎地保存好。

7. 热通道部件的检查

由于热通道部件所承受的工作温度很高，且遭受到启动和停机的交变热应力，透平动叶片还要承受很高的离心力，所以损伤的概率较高，所以在彻底清除热通道部件的积垢后要非常仔细地对热通道各部件进行检查，必要时进行着色检查或探伤检查，查清各部件上的裂纹、烧蚀、烧融、腐蚀、外物击伤等损伤情况，根据各零部件的检查标准决定回用、现场修复后回用或更换新件，尤其是一级喷嘴、一级动叶、一级护环、火焰筒、联焰管等零部件在非大修周期检修时更要特别予以重点关注，因为这些零部件由于工作温度的关系发生损坏的概率更大。

8. 点火火花塞和火焰探测器的检查和试验

由于点火火花塞和火焰探测器结构小巧紧凑，拆卸检查和复装时要特别小心谨慎，力求不要损坏里面的零件，复装后严格按燃气轮机制造厂商所提供的技术要求进行试验，只有试验合格者才可以装机。

9. CO_2 灭火系统

在机组正常运行时，CO_2 灭火系统处于备用状态，如同各舱室的火灾探测器一样，其作用不能因机组正常运行而被忽略，在检修时也应按规范要求严格而仔细地检查初放排放阀和续放排放阀的功能，及时更换失效的初放和续放排放阀，使 CO_2 灭火系统始终处于功能正常的备用状态，这样才能保证一旦接收到燃机轮控盘发出的排放指令时，及时地向各舱室排放 CO_2，达到灭火的目的，将火灾造成的损失减到最少。

10. 压气机和透平通流部分的清洗

压气机和透平通流部分可以说是燃气轮机的核心部分，决定了燃气轮机的发电出力和热效率。压气机动叶和静叶的型线及透平动叶和喷嘴叶片型线的任何变化都会造成机组出力和热效率的降低，所以我们希望在运行的过程中始终保持这些叶片的完整无缺和清洁，但实际的运行中，由于空气中的细微灰尘、油烟及其他有害成分的存在，会造成压气机动、静叶结垢和腐蚀，通过透平气缸热烟气中的灰尘、燃料中的不完全燃烧物及各种有害成分，会造成透平喷嘴叶片和动叶片的结垢、腐蚀和烧融掉块，这就造成了压气机动、静叶片和透平喷嘴叶片及动叶片气动性能的降低，从而使机组的出力和热效率都下降。在检修时要采用清洗剂水洗及手工机械除垢的方法，尽可能地使压气机和透平通流部分清洗干净，为提高机组的出力和热效率创造良好的条件。

11. 拆下管道两端口及未拆下管道开口端的封盖

所有拆下的管道，不论管径的大小，其两端口必须在拆下后立即用木板域多层厚布封盖好，一些机组上未拆下但单边开口的管道的开口端也应及时的用木板或多层厚布封盖好，以免灰尘或外物进入给机组的安全运行造成威胁，并且在复装打开封盖时，用压缩空气吹扫干净可能进入管道的灰尘及外来物后，再复装。

4.2.2 保证检修质量的措施

保证检修质量的措施可以提出若干条，但最根本的措施只有两条：一条是要有高素质的检修队伍；另一条是要有高素质的监理单位，尤以前者更为关键。

1. 检修队伍

高素质的检修队伍是指，检修队伍要有从事过多台各种型号燃气轮机检修的工作经验，熟悉各种型号燃气轮机的结构和检修工作中的关键技术，并且工作认真负责，有高度的工作责任心和使命感，尤其对一些关键部位的拆卸、检查、试验和复装等工作要极其认真、仔细，特别是有关气缸内部零部件的拆卸、检查、试验和复装绝对不可马虎从事，检修工作中发现的各种问题和处理结果等均应详细地记录下来，并在检修报告中有明确而详细的交代，使业主和运行方对检修后的机组有一个清楚的了解。

2. 监理单位

高素质的检修队伍是保证检修质量的重要条件，但高素质的监理单位不可缺少。监理单位不仅要熟悉燃气轮机的工作原理及其结构，而且也要熟悉燃气轮机的检修，还应从事过燃气轮机的检修工作。监理时哪些部位是检修中的关键，在这些部位的拆卸、检查、试验和复装的过程中始终跟班旁站，及时发现问题并科学解决问题，监理单位是检修质量的最终捍卫者，责任重大，任务艰巨，所以监理单位必须对工作满腔热情，认真负责，绝不能放过检修过程中任何一个疑点，要有对业主高度负责的责任心，工作中一要严肃认真，一丝不苟；二要有相当的灵活性，处理好业主、检修队伍各方面的关系，一切都为高质量地完成检修工作而努力；检修工作完成之后，监理方也应向业主提供一份详细的监理工作报告，从监理者的角度叙述和分析检修工作中所发现的问题及处理的过程和效果，客观地评价检修工作的成败得失，为以后的检修提供有益的借鉴。

4.3 检修后的验收

检修后的验收一般应以检修合同的条文为依据，如果检修合同中对检修后的出力和热效率有明确的要求，则应在检修后开机带负荷达到稳定运行条件时，进行机组的热力性能测试，以确定检修后机组的发电出力和热效率是否达到了合同的要求。如果检修合同中对检修后机组的出力和热效率没有提出明确的要求，可以不必进行正式的热力性能测试或进行一个简单的热力性能测试，只进行温度的修正，以了解机组在检修后的热力性能提高了多少。

一般说来，检修特别是大修后，机组的热力性能会有所提高，只是提高的多少因检修级别的不同而有所差异。除热力性能以外，检修后机组验收的关键是振动，一般的要求是，检修后机组的振动值不应超过检修前机组的振动值，在检修前机组的振动值不大的情况下，检修后机组的振动值即使没有明显的降低也不应明显增大，多数测振点的振动值略有减小或基本维持检修前的数值，而极个别点的振动值略有增大还是可以认为检修是成功的。

4.4 检修报告的编写

检修报告是一份比较重要的技术档案资料，既反映了检修前机组的状况，也反映了检修后机组的现状，对业主和运行人员全面了解机组的历史和现状是有极大帮助的，所以检修者应严肃、认真地编写检修报告，既要全面地反映机组在检修前的历史状况，为运行人员反思和总结运行经验提供借鉴，也要详细地介绍检修后机组的现状，使运行人员清楚的了解，为机组安全可靠的运行提供条件。检修报告应简洁明了，并且全面而无遗漏。

1. 检修过程的叙述

以简洁而明确的文字简述整个检修工作的全过程，使业主方在没有机会亲临检修工作现场的情况下，对整个检修工作的过程有一个比较全面清楚的了解，从而对检修工作有一个较明确的认识。

2. 检修质量的叙述

根据检修后的验收，以简洁的文字客观而全面的叙述检修工作的质量，肯定所取得的成绩的同时，也指出不足，为今后更好地进行检修工作创造有利的条件。

3. 检修过程中发现的问题及处理

这是检修报告的重点，应详细、全面地叙述检修工作中发现的所有问题，并为叙述的方便和作证，要引用一定数量有代表性的照片来论述，详细叙述这些问题是如何产生、如何处理，以及处理的依据。对由于费用的关系有些应该更换而没有更换的零部件的回用，应明确无误地说清楚，由此可能产生的一些潜在的影响也应有所预计并对运行人员提出忠告。检修中的各项检查、测量记录表格也要附列在检修报告中，必要时对一些表格进行解释和说明。

4. 对机组今后运行的建议

根据检修中所发现的问题及处理情况，对运行人员提出确保机组检修后安全运行的建议，这也是检修人员应尽的义务。因为检修人员通过检修工作，对机组现状的了解比运行人员更清楚，应根据检修后机组的实际情况对今后的运行提出一些建议和忠告，以确保机组的安全运行，如对热通道零部件有过热烧蚀或局部烧融现象的（如一级动叶、一级喷嘴、一级护环等）应提醒运行人员在今后的运行中严禁超温；对调峰运行的机组应尽可能地增加每次开机的运行时间等。

5. 更换主要零部件的目录表

在检修报告中应列出一份所更换的主要零部件的目录清单，不仅使业主和运行人员对此有一个清楚的了解，且为下次检修提供了方便。在每次检修时，先看上一次的检修报告就可以清楚地了解上次检修时更换了哪些主要的零部件，也可以在检修中通过对这些更换过的零部件的检查，了解运行中存在哪些问题，为今后的运行提供有益的借鉴。

第5章

燃气轮机大修步骤

本章以9FA级燃气轮机为例介绍大修步骤。

5.1 拆卸部分

1. 拆卸负荷轴间化妆板及88VG风机模块

(1) 拆除负荷轴间2台88VG风机电缆线。

(2) 吊出2台88VG风机模块并按定制图位置摆放。

(3) 拆除负荷轴间化妆板与框架连接的销钉和螺钉并妥善保存。

(4) 吊出负荷轴间各门板并按定制图位置摆放。

2. 检修区域脚手架搭建

(1) 透平间内脚手架满搭，为了拆除房顶螺栓、二氧化碳管，危险气体探头冷却水管。脚手架需以透平缸为界分两部分搭建，方便后续分段拆除脚手架用来吊透平间前墙板及各空气管路。

(2) 在11m平台压气机进气道搭建脚手架，为了拆除压气机进气道弯头上半部分螺栓。

(3) 在6.5m压气机进气道搭建脚手架，为了拆除压气机进气道弯头下半部分螺栓。

(4) 在88BT风机出口风道区域（外侧）搭建脚手架。为了割开风道，拆除透平间房顶。

(5) 打开压气机进气室斜坡处人孔门，在喇叭口内搭建脚手架（为了测量6点间隙、IGV晃度、IGV叶顶、叶根间隙值、IGV角度）。

(6) 在排气扩压段透平间舱室太空舱处搭建脚手架。

(7) 拆除锅炉侧人孔门，进入锅炉内部在太空舱外搭建脚手架并拆除太空舱人孔门。

3. 拆除透平间房顶及88TK、88BN风机模块

(1) 电气专业拆除88TK、88BN风机电缆及电缆桥架。

（2）热控专业拆除透平间顶压气机进气压力取样管接头。

（3）热控专业拆除 88TK、88BN 相关线缆及接头。

（4）拆除 88TK、88BN 风机模块固定螺栓，进出口法兰螺栓并将螺栓妥善保存。

（5）热控专业拆除透平间内二氧化碳仪表管、危险气体冷却水管、接线、火灾保护接线等。

（6）吊出 88TK、88BN 风机模块并按照定制图摆放。

（7）将透平间房顶分为三大块分别吊出并按照定制图摆放。

4. 拆除透平间内热控相关元器件

（1）热控专业拆除燃烧器上 CDM 接线及 CDM。

（2）热控专业拆除上半缸轮间温度接线，并将电缆套管调整好角度妥善放置。

（3）热控专业拆除燃烧器上 2 只点火器及其接线并妥善放置。

（4）热控专业拆除燃烧器上 4 只火检及其接线并妥善放置。

5. 拆除压气机风道侧墙板、进气软连接、进气弯头等

（1）拆除负荷短轴保护用网格罩并按照定制图放置。

（2）拆除压气机进气道侧墙板固定螺栓、压板。

（3）拆除进气导流锥中分面螺栓、压板及保温并妥善放置。

（4）拆除水洗管路上半缸法兰螺栓及管道并妥善放置。

（5）拆除前半缸上部脚手架并吊出压气机进气道侧墙板。

（6）拆除透平间内上半缸空气管路法兰螺栓。

（7）拆除压气机进气道软连接及进气道螺栓、压板并妥善放置。

（8）吊出压气机进气道弯头并按照定制图放置。

（9）吊出上半进气导流锥并按照定制图放置。

（10）吊出透平间内上半缸空气管路并按照定制图放置。

（11）吊出空气管路后将透平间内走道与缸体之间围栏拆除并搭建脚手架使走道钢格栅与缸体相连接。

6. 热控专业拆除 1#、2#、3# 瓦区域相关测点及其接线

（1）拆除 2# 瓦太空舱区域内轮间温度、瓦振接线及探头。

（2）拆除 1# 瓦区域轴振、瓦振、转速、轴向位移、键相接线及探头。

（3）拆除 3# 瓦太空舱区域内轮间温度、瓦振接线及探头。

7. 拆除透平间内燃料环管及其母管、3# 瓦轴承盖、透平排气缸压板等

（1）拆除每个燃烧器 PM4、PM1、D5 及清吹管路环管。

（2）拆除并吊出上半缸燃料环管母管并按照定制图放置。

（3）拆除并吊出 3# 瓦轴承盖并按照定制图放置。

（4）拆除透平排气缸压板、保温、螺栓并妥善保管。

（5）将IGV连杆与动力执行机构销子拆除并用葫芦将IGV角度强制开至90°并锁死葫芦。

（6）在3#瓦进回油管套管处加装堵板。后续要开启润滑油、顶轴油测量推力间隙、中心数据、拆除对轮螺栓。

（7）拆除透平排气缸压板、保温、螺栓并妥善保管。

（8）在3#瓦轴承处加装轴向限位装置，防止拆对轮螺栓及对轮垫片时汽机转子产生轴向位移。

（9）开启润滑油、顶轴油、检修盘车系统拆除汽机侧与负荷短轴之间对轮螺栓，并根据对轮上的记号在拆除的螺栓及螺帽上做上相同记号。用汽机侧专用拆卸工具拆卸对轮螺栓，删除方法见附录。建议在拆除汽机侧对轮螺栓前拆除3#瓦上半并测量汽轮机 K 值并记录。

（10）用顶丝稍顶开负荷短轴靠背轮与汽轮机靠背轮并吊出对轮垫片并妥善保管。（吊出前在对轮垫片上做好记号分清哪边是燃机侧，哪边是汽机侧）

8. 测量6点间隙及IGV相关数据检查

（1）旋松在压气机R2、R5、R10、R17及透平2S测孔处的堵头螺塞。堵头分别在相应级数的上半缸正上方顶部、下半缸正下方底部、上半缸左右侧靠近中分面位置共计20个测孔。每级4个孔。

（2）进入压气机喇叭口内用塞尺分别测量IGV的叶顶、叶根与缸体的间隙值并记录在检查表格上。

（3）在压气机喇叭口将百分表表架吸附在喇叭口缸体上，将表打在IGV叶片上叶顶区域处，测量的值记录在表格上。在表架好以后首先用力向某个方向旋转IGV叶片直到旋转不动后松手，待百分表读数稳定后读出数值，然后向相反方向旋转IGV叶片直到旋转不动后松手，待百分表读数稳定后读出数值。两次读数差值即为该片IGV叶片晃度。

（4）分别进入压气机喇叭口及余热锅炉内透平三级动叶处用塞尺测量R0与内缸壁间隙值及3S叶顶与其护环间隙值并记录在表格上。每级分别取正上方、正下方、左右侧中分面上下共计6点。

（5）用游标卡尺分别测量R2、R5、R10、R17、2S测孔处的数值，每个测量孔附近有该测孔缸壁厚度数值，用测得数据减去缸壁厚度数据即为间隙值并将数据记录在表格中。在测量压气机间隙值的时候需要盘动检修盘车使得在测孔处能看到叶片叶顶。

9. 布置顶缸支撑、拆除燃烧器、拆除缸体螺栓、中心数据测量等

（1）分别在透平缸、压气机缸、CDC缸下半缸处布置顶缸支撑，用千斤顶顶起约0.3mm。

（2）在压气机进气室进气下半缸处设置带有顶丝的顶缸支撑（该支撑为一体式）。

（3）在排气室内外缸夹层之间用定制的支撑套管支撑并将支撑 2 侧与缸体焊接起来。透平排气缸前后各焊接一圈支撑套管。一圈 12 个支撑套管。

（4）在炉内排气扩压段同样也焊接一圈支撑套管。

（5）在透平排气缸上半外缸面用螺栓将排气缸内外缸结合面处用螺栓焊接起来。使内外缸成为一个整体，防止在拆装过程中变形。

（6）分别拆除 18 个燃烧器的燃料喷嘴、火焰筒、导流衬套、联焰管、短接并按照定制图放置。

（7）在 1# 、3# 瓦区域搭建脚手架平台，方便后续复测中心数据及拆解 1# 瓦等。

（8）拆除各缸体螺栓并在缸体、螺栓、螺帽上分别做上相同记号。（透平排气缸与 CDC 缸内部也有螺栓。缸体螺栓需要使用 ITH 螺栓专用拆卸工具，除排气缸立面螺栓拆除的时候需将油泵压力打至 900～950Bar 以外，其余缸体螺栓压力打至 1300～1350Bar。在复装的过程中需分 2 次打压第一次打压 800Bar，第二次打压至 1350Bar）

（9）开启润滑油、顶轴油系统后复测中心数据并将数据填写进表格。将对轮分成 4 等分并做好标记，分别测量一组外圆数据及 4 组端面数据。若拆除 3# 瓦上半则下半瓦需用铜制楔块固定死，保证汽机转子在瓦中心。

10. 吊出压气机进气缸及负荷短轴

（1）在压气机进气缸左右两侧中间位置分别插入一根导杆。

（2）在压气机进气缸左右两侧前后分别固定一把卷尺并调整至同一刻度。

（3）在压气机进气缸左右两侧同时用顶丝将上半进气缸水平顶起，尽量使顶开的高度大些，以利于起吊。在顶丝顶起时注意 4 个角上卷尺的读数一致，并检查导杆未卡死并移除导杆。

（4）将压气机进气缸上半吊离机组，并按照定制图放置。

（5）开启润滑油、顶轴油、检修盘车系统拆除燃机侧与负荷短轴之间对轮螺栓，并根据对轮上的记号在拆除的螺栓及螺帽上做上相同记号。用燃机侧专用拆卸工具拆卸对轮螺栓，在拆卸的时候将压力打至 17000psi 后开始旋松螺帽，在安装过程中分 2 次拉升，第一次将压力打至 8000psi 后旋紧螺帽，第二次将压力打至 17000psi 后旋紧螺帽。

（6）在拆除燃气侧对轮螺栓前在负荷短轴上做好燃机侧、汽机侧记号并用行车及吊带固定好短轴，拆除所有螺栓后吊出负荷短轴并按照定制图放置。

11. 测量推力间隙

（1）开启润滑油、顶轴油系统。

（2）将百分表表座吸附在 1# 瓦瓦盖正上方轴向位置并架好百分表表架，表指针打在压气机R0轮盘上并校零。表指针不能打在压气机轮盘拉杆螺栓上。

（3）在压气机转子R0轮盘与缸体轴向内缸壁之间放置30t液压千斤顶。左右侧各放置一个千斤顶。在千斤顶柱塞顶部放置一块表面光滑平整的铜板。

（4）同时顶起左右两侧千斤顶到2800psi，观察百分表指针到一值后无波动，然后将压力逐步降至2000psi（读出在2000psi处百分表数值；为了测量A值时加上该数值）、1800psi、1600psi，在将压力降到1600psi百分表指针稳定后读出百分表读数，然后将千斤顶完全泄压并拿出千斤顶。

（5）在转子对轮法兰面内侧与轴承盖轴向位置之间放置30t液压千斤顶。左右侧各放置一个千斤顶。在千斤顶柱塞顶部放置一块表面光滑平整的铜板。

（6）同时顶起左右两侧千斤顶到2800psi，观察百分表指针到一值后无波动，然后将压力逐步降至2000psi、1800psi、1600psi，在将压力降到1600psi百分表指针稳定后读出百分表读数，然后将千斤顶完全泄压并拿出千斤顶。

（7）将2次数值累加即为推力间隙值，并将推力间隙值记录至表格上。

12. 吊出压气机缸、透平排气缸、透平缸等

（1）在压气机缸左右两侧中间位置分别插入一根导杆。

（2）在压气机缸左右两侧前后分别固定一把卷尺并调整至同一刻度。

（3）在压气机缸左右两侧同时用顶丝将上半缸水平顶起，尽量使顶开的高度大些，以利于起吊。在顶丝顶起时注意4个角上卷尺的读数一致且导杆未卡死，在起吊至一定高度后移除导杆。

（4）将压气机缸上半吊离机组，并按照定制图放置。

（5）在透平排气缸左右两侧中间位置分别插入一根导杆。

（6）在透平排气缸左右两侧前后分别固定一把卷尺并调整至同一刻度。

（7）在透平排气缸左右两侧同时用顶丝将上半缸水平顶起，尽量使顶开的高度大些，以利于起吊。在顶丝顶起时注意4个角上卷尺的读数一致且导杆未卡死，在起吊至一定高度后移除导杆。

（8）将透平排气缸上半吊离机组，并按照定制图放置。

（9）在透平缸左右两侧中间位置分别插入一根导杆。

（10）在透平缸左右两侧前后分别固定一把卷尺并调整至同一刻度。

（11）在透平缸左右两侧同时用顶丝将上半缸水平顶起，尽量使顶开的高度大些，以利于起吊。在顶丝顶起时注意4个角上卷尺的读数一致且导杆未卡死，在起吊至上下半透平缸二级、三级静叶完全分离后移除导杆。

（12）将透平缸上半吊离机组，并按照定制图放置。

（13）拆除1[#]、2[#]瓦轴承盖螺栓并吊出，将吊出的1[#]、2[#]瓦轴承盖按照定制图放置。

(14) 拆除 1#、2# 可倾瓦上半并吊出，将吊出的上半 1#、2# 可倾瓦按照定制图放置。

(15) 拆除 2# 瓦处导流锥并吊出然后按照定制图放置。

13. 测量 1#、2# 瓦轴封间隙及油档间隙并拆除 6 个浮动油档环等

(1) 按照图纸上要求测量的位置用塞尺测出 1#、2# 瓦的轴封间隙并记录至表格。

(2) 测量 1# 瓦、2# 瓦处共计 6 处浮动油档间隙值并记录至表格上。

(3) 测量浮动油档间隙时，首先架好百分表表架，将百分表测量头打在浮动油档上半部分正上方位置，首先用手单侧用力往上提油档读出数值并记录（保证另一侧限位被完全限死），然后两边用手同时用力往上提油档读出数值并记录，取 2 次平均值即为该油档间隙值。

(4) 在测量完各油档间隙后拆除各浮动油档环并妥善保管。

(5) 拆出推力垫片并在推力垫片上做好主推侧与副推侧的记号然后测量出各垫片厚度并标记在垫片上。靠近燃机侧的为主推垫片，远离燃机侧的为副推垫片。

14. 拆除推力瓦瓦块、均衡板、热控瓦温元件

(1) 由热控专业拆除推力瓦瓦温元件并由其妥善保管。

(2) 分别拆出主推力瓦瓦块、副推力瓦瓦块并做好记号以防混淆，拆除后妥善保管。

(3) 拆除主推、副推均衡板并做好记号，将拆出的均衡板妥善保管。

15. 拆除 18 个过渡段

(1) 测量 18 个过渡段的鱼嘴间隙值并登记在表格上（每个过渡段测量 6 个点）。

(2) 拆下 1# 与 18#，18# 与 17# 过渡段之间的侧密封螺栓、锁定板及定位块组件并对定位组件做好标记。

(3) 支撑住 18# 过渡段，拆下过渡段与第一级喷嘴定位环之间的两个后托架安装螺栓及锁定板。

(4) 向前滑动 18# 过渡段，使其浮动密封环离开第一级喷嘴后从洞口处取出过渡段。

(5) 重复步骤 (2)～(4)，拆下所有的过渡段并按照定制图放置。

16. 拆除上半缸一级喷嘴、持环，吊出 CDC 缸，内缸

(1) 拆除上半缸一级喷嘴、持环并吊出然后按照定制图放置。

(2) 在 CDC 缸左右两侧中间位置分别插入一根导杆。

(3) 在 CDC 缸左右两侧前后分别固定一把卷尺并调整至同一刻度。

(4) 在 CDC 缸左右两侧同时用顶丝将上半缸水平顶起，尽量使顶开的高度大些，以利于起吊（在顶丝顶起时注意 4 个角上卷尺的读数一致且导杆未卡死，在起吊至一定高度后移除导杆）。

（5）将CDC缸上半吊离机组，并按照定制图放置。

（6）拆除内缸中分面螺栓，吊出内缸并按照定制图放置。

17. 测量各通流间隙值、安装转子导向支架、就位转子支架

（1）按照图纸上要求测量压气机、透平各通流间隙值并记录至表格上。测量通流间隙时确保转子在主推面，在压气机转子R0轮盘与缸体轴向内缸壁之间放置30t液压千斤顶并顶至2000psi。

（2）分别在转子1#、2#瓦轴颈位置对应的缸体中分面安装转子导向限位用支架。

（3）将放置转子用的转子支架就位于定制图的位置，转子支架下方铺设20mm厚的钢板。

（4）若转子支架布置于发电机区域需拆除发电机区域化妆板。防止透平第三级叶片过长而受发电机化妆板约束。

（5）拆除发电机区域化妆后需将裸露出来的孔洞用跳板固定封堵。

18. 起吊燃机转子、一级喷嘴下半等

（1）仔细检查转子各吊具并调整好，确认没有严重锈蚀、变形、开裂等缺陷，确保起吊安全。

（2）在转子的靠背轮连接螺孔处系上麻绳，以便在起吊过程中控制转子。

（3）缓缓吊起转子，并调整起吊重心，以便检查行车的安全和防止转子起吊时窜动。

（4）在确保起吊安全的情况下，缓缓将转子吊离机组，安放在转子支架上。

（5）拆除下半缸一级喷嘴并吊出然后按照定制图放置。

（6）拆除下半缸1#、2#瓦下半并按照定制图放置。拆除1#、2#瓦下半前先拆除顶轴油管接头。

19. 拆除压气机S5、S6级静叶

（1）旋松缸体上固定S5级静叶的螺塞，磨平中分面位置用来限位静叶用的铆点。只有S5级有固定用的螺塞。

（2）在拆出S5、S6级静叶之前首先用W-40松锈剂浸泡，并给每一片叶片按照顺序做好标记。

（3）拆除做好记号的S5、S6级静叶并妥善保管。

20. 拆除二级喷嘴、三级喷嘴，一～三级护环

（1）从透平气缸的外表面拆下二级喷嘴诸弧段的径向定位销的螺塞，妥善保存并做好标记。

（2）拆下二级喷嘴诸弧段的径向定位销，妥善保存并做好标记。

（3）依次拆出诸喷嘴弧段并按照定制图放置。

（4）仔细检查各螺塞和径向定位销，凡是完好无损的再依次装人拆下的位置。

（5）从透平气缸的外表面拆下三级喷嘴诸弧段的径向定位销的螺塞，妥善保存并做好标记。

（6）拆下三级喷嘴诸弧段的径向定位销，妥善保存并做好标记。

（7）依次拆除喷嘴诸弧段并按照定制图放置。

（8）仔细检查各螺塞和径向定位销，凡完好无损的再依次装入拆下的位置。

（9）拆下固定各级护环用的螺塞，妥善保存并做好标记。

（10）拆下各级护环并按照定制图放置。

21. 拆除一～三级透平动叶

（1）将各级动叶的限位销、锁线拆除。

（2）做好记号后拆除一级动叶，拆除方向为顺着气流方向拆除。一级动叶为一片一片拆除，保存好动叶中拆出的销子。

（3）做好记号后拆除二级动叶，拆除方向为顺着气流方向拆除。二级动叶因为叶顶有围带所以需要整段同时一点一点往排气侧移动待两片叶片围带之间出现足够大的间隙时，先拆除其中1片，后拆除其余91片，保存好动叶中拆出的销子。

（4）做好记号后拆除三级动叶，拆除方向两侧均可。三级动叶因为叶顶有围带所以需要整段同时一点一点往同一侧移动待两片叶片围带之间出现足够大的间隙时，先拆除其中1片，后拆除其余91片，保存好动叶中拆出的销子。

5.2 检查清理部分

1. 压气机和透平转子部分

（1）用稀释过的清洗液及百洁布清洗压气机各级动叶片及透平叶轮槽。

（2）若清洗后的效果不满意，需专业的干冰清洗人员使用干冰进一步清洁，直到满意为止。

（3）目视检查压气机各级动叶的腐蚀、磨蚀、外来物击伤、裂纹等情况并将检查结果拍照汇总交由GE公司工程部评估是否进行更换或者现场打磨处理。

（4）对压气机所有动叶进行荧光检查。若发现问题交由GE公司工程部评估是否进行更换或者现场打磨处理。

（5）检查透平各级动叶的腐蚀、磨蚀、烧蚀、烧融掉块、涂层剥落外来物击伤及裂纹等情况并记录。透平动叶在已到大修周期的检修过程中需要全部更换。

（6）对拆除后的一级、二级叶轮槽的冷却槽进行荧光检查。

（7）检查各轴颈的磨损、划痕及椭圆度。

（8）对转子两端轴颈、靠背轮法兰面进行着色检查。

（9）根据最终对轴颈、靠背轮、叶轮槽的冷却槽的检查情况采取适当的措施。

2. 压气机进口可转导叶部分

（1）用稀释过的清洗液及百洁布清洗可转导叶表面的积垢。

（2）目视检查可转导叶的腐蚀、磨蚀、外来物击伤、裂纹等情况并记录。

（3）对所有可转导叶进行荧光检查。

（4）根据各项检查结果决定是否修复或者更换进口可转导叶及其附属件。若出现小部分叶片晃度偏大可在该叶片传动齿条与缸体缝隙中添加垫片。

3. 压气机静叶部分

（1）用稀释过的清洗液及百洁布清洗压气机所有的静叶。

（2）目视检查所有压气机静叶的腐蚀、磨蚀、外来物击伤、裂纹等情况并记录。

（3）对压气机 S0、S1、S5、S6 级静叶进行荧光检查，其余级数静叶进行着色检查。

（4）根据各项检查结果决定是否修复或者更换静叶。一般 S5、S6、S7、S8 静叶叶顶会有不同程度的磨损，需要现场打磨。

4. 透平一～三级静叶、一～三级护环部分

目视检查所有透平静叶及其护环的腐蚀、磨蚀、外来物击伤、裂纹等情况并记录（透平所有静叶及其护环在已到大修周期的检修过程中需要全部更换）。

5. 透平一级静叶持环部分

（1）仔细检查支承环上轴向密封齿的腐蚀、磨损、烧蚀、裂纹和其他缺损的情况。

（2）检查一级静叶密封配合处的擦伤或微振磨损情况。

（3）根据检查情况确认是否需要更换或者修复持环。

6. 1#、2#轴瓦部分

（1）目视检查1#、2#轴瓦表面的摩擦、刮痕、凹点、裂纹、巴氏合金的脱层、掉块及过量或不正常的磨损情况，特别要注意轴瓦下半的状况。深度小于 0.025mm，长度小于 25.4mm 的擦痕是允许的，而深度 0.025～0.127mm、长度小于 25.4mm 的擦痕可以现场修复。

（2）对1#、2#瓦及主副推瓦块、均衡板进行着色检查。

（3）目视检查1#、2#瓦的顶轴油管有无破损。若破损要更换该顶轴油管。

（4）根据检查情况确认是否需要更换。

7. 燃烧器部分的检查

（1）目视检查火焰筒、过渡段、联焰管、燃料喷嘴部分，并对特殊问题进行记录。燃烧器部分除导流衬套、短接、羊角架、燃烧器后缸部分其余所有部件均换新。

（2）检查导流衬套弹性密封片的弹性及其他损坏情况。

（3）对导流衬套有焊接的部分进行着色检查。

（4）检查导流衬套上火焰筒搭耳的磨损情况。

(5) 根据最终的检查结果来决定回用、修复后回用或更换导流衬套。

(6) 检查燃烧器后缸、短接内外表面的裂纹、皱褶、鼓胀、过热和腐蚀的情况。

(7) 根据最终的检查结果来决定回用、修复后回用或更换燃烧器后缸或短接。

(8) 目视检查羊角架磨损情况并结合鱼嘴间隙值，来确认是否更换羊角架。

5.3 复装部分

1. 复装透平一～三级透平动叶

(1) 复装叶片前首先确认新叶片的装箱号和安装在轮盘上的排序号能相互对应，并在新叶片上贴上安装在轮盘上时的排序号。

(2) 首先将一级动叶按照排序号从 $92^{\#}$ 叶片开始安装，直至安装至 $1^{\#}$ 叶片。安装前将密封销使用专用的胶水固定在叶片对应的位置，逆着拆除方向安装。

(3) 待叶片安装后，将锁线安装好。

(4) 锁线安装结束后，安装限位锁线用的销子，并敲击铆点。锁线限位销必须避开拆除时的限位孔安装，按照第一个销子算起 4、6、6、8、8、8、8、8、8、8、8、6、6 的顺序安装，共计 13 个销子。

(5) 重复步骤 (1) ～ (4) 安装二级、三级动叶（二级、三级叶片安装时也是整体安装）。

2. 复装一级喷嘴下半

(1) 将一级喷嘴的下半吊入下半缸。

(2) 复装一级喷嘴下半的偏心销。

(3) 复装一级喷嘴下半的轴向定位销及锁片。

(4) 复装一级喷嘴下半水平中分面左右两侧的压板。

3. 复装上下半缸一～三级护环

(1) 将各级护环回装入上下半缸的护环槽内，回装时确认好每块护环的编号。护环与护环之间的插片若安装时尺寸有稍许偏差，可稍进行打磨。

(2) 护环安装完后，旋紧上下缸面的护环锁紧螺塞。

(3) 复装二级、三级静叶的轮间温度热电偶。

(4) 将二级、三级各静叶弧段复装入上下半缸内，回装时确认好每段静叶弧段的编号。

(5) 复装各静叶弧段的径向定位销。

(6) 复装各径向定位销的螺塞。

4. 复装 $1^{\#}$、$2^{\#}$ 轴承的下轴瓦

(1) 将 $1^{\#}$ 轴承和 $2^{\#}$ 轴承下半轴瓦安装在各轴承座的相应位置上，并接好顶轴

油管。

（2）向各轴承的下半轴瓦上浇一些润滑油。

（3）用干净的塑料薄膜和布将各个下半轴瓦保护好。

5. 复装转子

（1）仔细检查吊转子的工具和钢丝绳，在确认安全无误后挂好钢丝绳。

（2）在转子的前后两端挂好高强度吊带，试吊转子并调整好转子的起吊重心。

（3）在转子的靠背轮螺栓孔系上一根麻绳，以便起吊时起调整、控制之用。

（4）用孔窥仪配合压缩空气彻底、仔细地吹扫转子和压气机与透平的下气缸，彻底清除转子和压气机与透平下气缸中的所有灰尘，锈斑剥落物及其他的所有外来物。

（5）分别在转子1#、2#瓦轴颈位置对应的缸体中分面安装转子导向限位用支架。

（6）平稳的吊起转子，调整好位置后缓缓地落入下半缸中。

6. 复装推力轴承下半

（1）根据转子在气缸中的具体位置，将主推或副推的上下半滑装到位，包含对应的推力瓦块及推力垫片。

（2）往前或往后推动转子使推力盘紧贴在已安装好的主或副推力面上。

（3）再将副推或主推的上下半滑装到位，包含对应的推力瓦块及推力垫片。

7. 复装1#、2#瓦处浮动油档、测量1#、2#瓦轴封间隙及油档间隙

（1）将1#、2#瓦处浮动油档回装入指定位置。

（2）按照图纸上要求测量的位置用塞尺测出1#、2#瓦的轴封间隙并记录至表格。

（3）测量1#、2#瓦处共计6处浮动油档间隙值并记录至表格上。

（4）测量浮动油档间隙时，首先架好百分表表架，将百分表测量头打在浮动油档上半部分正上方位置，首先用手单侧用力往上提油档读出数值并记录，保证另一侧限位被完全限死，然后两边用手同时用力往上提油档读出数值并记录，取2次平均值即为该油档间隙值。在油档安装前首先测量油档的内径，及转子相应轴颈位置直径，两数之差为理论间隙值；实际测量的间隙用来验证该值。

8. 复装1#、2#瓦轴承

（1）复装1#、2#瓦轴承的上半轴瓦并拧紧水平中分面的连接螺栓。

（2）在2#瓦轴承盖中分面上均匀地涂抹上耐高温、耐油的平面密封胶。

（3）将1#、2#瓦轴承的轴承盖正确安装，并拧紧水平中分面的连接螺栓。

（4）复装2#瓦轴承区域的导流锥，并拧紧其水平中分面的连接螺栓。导流锥的中分面螺栓因为不是锁紧螺母，所以需要电焊一下加固。

9. 测量转子顶起高度、推力间隙、通流间隙

（1）开启润滑油、顶轴油系统测出转子顶起高度。顶轴油开启前先在1#瓦瓦盖正上方轴向位置架好百分表表架，表指针打在轴正上方。

（2）将百分表表座吸附在1#瓦瓦盖正上方轴向位置并架好百分表表架，表指针打在压气机R0轮盘上并校零。表指针不能打在压气机轮盘拉杆螺栓上。

（3）在压气机转子R0轮盘与缸体轴向内缸壁之间放置30t液压千斤顶。左右侧各放置一个千斤顶。在千斤顶柱塞顶部放置一块表面光滑平整的铜板。

（4）同时顶起左右两侧千斤顶到2800psi，观察百分表指针到一值后无波动，然后将压力逐步降至2000psi（读出在2000psi处百分表数值，为了测量A值时加上该数值）、1800psi、1600psi，在将压力降到1600psi百分表指针稳定后读出百分表读数，然后将千斤顶完全泄压并拿出千斤顶。

（5）在转子对轮法兰面内侧与轴承盖轴向位置之间放置30t液压千斤顶。左右侧各放置一个千斤顶。在千斤顶柱塞顶部放置一块表面光滑平整的铜板。

（6）同时顶起左右两侧千斤顶到2800psi，观察百分表指针到一值后无波动，然后将压力逐步降至2000psi、1800psi、1600psi，在将压力降到1600psi百分表指针稳定后读出百分表读数，然后将千斤顶完全泄压并拿出千斤顶。

（7）将2次数值累加即为推力间隙值，并将推力间隙值记录至表格上。

（8）按照图纸上要求测量压气机、透平各通流间隙值并记录至表格上。测量通流间隙时确保转子在主推面，在压气机转子R0轮盘与缸体轴向内缸壁之间放置30t液压千斤顶并顶至2000psi。

10. 复装CDC缸、一级静叶持环、一级静叶上半、内缸

（1）根据测出的通流间隙中的A值、推力间隙值来确认是否需要调整推力垫片厚度，其中A值即为转子与缸的轴向定位值。推力垫片的调整加工精度要求极高加工完的公差不能超过±0.02mm且垫片不能有变形。

（2）用孔窥仪配合压缩空气，彻底清除任何外来异物及灰尘。

（3）用细砂皮和油石仔细打磨上下缸的水平中分面及上缸的垂直法兰面，仔细检查是否有裂纹和凹坑等缺陷，必要时予以修复。

（4）起吊CDC上半缸，在CDC上半缸与下半缸还留有大约30cm左右间隙时，在CDC缸左右两侧中间位置分别插入一根导杆。

（5）起重工调整葫芦，保证4个角上的卷尺读数一致，慢慢地扣下上缸。

（6）扣好CDC缸后拆除导杆并立马将左右两侧的定位销打入，将中分面的ITH螺栓插入螺栓孔内，然后紧固所有内侧及外侧ITH螺栓。

（7）吊装一级静叶持环上半到一级静叶持环的下半上并拧紧中分面螺栓。

（8）吊装一级静叶上半到一级静叶下半上并拧紧中分面螺栓。

（9）在一级静叶持环的前面安装一级静叶上半的轴向定位销及锁片。

（10）吊装内缸上半到下半上并拧紧中分面螺栓。

（11）如果推力垫片经过调整，需要复测推力间隙值。若是因为A值原因调整推

力垫片，还需复测A值。

（12）热控回装1#、2#瓦区域相关元件

11．安装压气机缸、过渡段、负荷短轴

（1）检查每个过渡段的浮动密封片，要确保其窜动灵活性。

（2）在过渡段后支撑的螺栓孔处装上锁片。

（3）先装9#过渡段，沿燃烧段外壳滑入过渡段，使H型槽进入羊角架托架内，给过渡段以支撑，然后向后推动过渡段并使其内外侧浮动密封片完全进入一级喷嘴安装槽，然后拧紧前后支撑螺栓。

（4）按照步骤（3）的方法安装相邻两侧的过渡段，调整过渡段使鱼嘴间隙在合格的范围，再安装侧面密封及其定位组件并拧紧螺栓和锁紧锁片。

（5）按上述方法依次安装其他的过渡段。

（6）用细砂皮和油石仔细打磨上下缸的水平中分面和上缸的前后垂直法兰面，彻底清理掉所有的毛刺和凸起点，仔细检查水平中分面和垂直法兰面是否有裂纹和凹坑等缺陷，必要时予以修复。

（7）吊起压气机上半缸的时候先用水平仪调整水平，并用孔窥仪配合压缩空气，彻底清除上下半缸任何外来异物及灰尘。

（8）在压气机上半缸与下半缸的距离能让导杆同时插入对应的螺栓孔时，将左右两侧导杆插入。

（9）起重工调整葫芦，保证4个角上的卷尺读数一致，慢慢地扣下上的缸。

（10）扣好压气机缸后拆除导杆并立马将左右两侧的定位销打入，然后将中分面及立面的ITH螺栓插入螺栓孔内。紧固所有压气机缸与CDC缸连接立面ITH螺栓及压气机缸中分面ITH螺栓。

（11）按拆卸时所作的标记，使燃机转子靠背轮与负荷短轴燃机侧靠背轮上的螺栓孔成一一对应的关系，后按相同的标记装人螺栓孔中。

（12）按螺栓拧紧的顺序，紧固所有的连接螺栓。

12．安装透平缸、透平排气缸

（1）安装透平缸前需确认CDC缸内的ITH螺栓已经完成紧固。

（2）用细砂皮和油石仔细打磨上下缸的水平中分面和上缸的前后垂直法兰面，彻底清理掉所有的毛刺和凸起点，仔细检查水平中分面和垂直法兰面是否有裂纹和凹坑等缺陷，必要时予以修复。

（3）吊起透平上半缸的时候先用水平仪调整水平，并用孔窥仪配合压缩空气，彻底清除上下半缸任何外来异物及灰尘。

（4）在透平上半缸与下半缸的距离能让导杆同时插入对应的螺栓孔时，将左右两侧导杆插入。

（5）起重工调整葫芦，保证4个角上的卷尺读数一致，慢慢地扣下上缸。

（6）扣好透平缸后拆除导杆并立马将左右两侧的定位销打入，将中分面的ITH螺栓插入螺栓孔内，然后紧固所有中分面及CDC缸与透平缸立面的ITH螺栓。

13. 安装透平排气缸压板，燃烧系统等

（1）切除透平排气缸内外缸结合面焊接螺栓。

（2）回装透平排气缸压板，并回装防火保温袋。

（3）回装燃烧器短接（更换新的垫片）。

（4）按拆卸时的编号依次将18个导流衬套复装，并用涂有一层抗黏结剂的螺栓并拧紧。

（5）将火焰筒装入相应的燃烧室中，保证弹性密封片与过渡段正确地联合，而且使火焰筒与导流衬套的火焰筒定位块相配。

（6）在相邻的两个燃烧室之间重新安装两个联焰管并且把联焰管定位套滑人导流衬套外侧的锁架凹槽，使其与联焰管上的方形凸肩相配。

（7）在联焰管和导流衬套之间正确的插入弹簧卡片，使联焰管正确定位。

（8）热控回装CDM、点火器、火检及其接线。

（9）回装各燃烧系统的喷嘴。

（10）回装透平间内各空气管路。

（11）热控回装透平缸上个测点。

14. 拆除顶缸支撑、回装燃料环管

（1）拆除除压气机进气缸以外的所有顶缸支撑。

（2）回装燃料环管母管及其与燃烧器连接的支管。与燃烧器连接的支路燃料管先加装堵板为了进行氮气打压查漏。

（3）对透平间内燃料管路进行打压查漏。若有漏点进行处理。

（4）拆除透平间内燃料管路堵板，并回装各管路。

15. 复测推力间隙

若复装的首次推力间隙测量未进行推力垫片厚度调整的可省略该步骤。

（1）开启润滑油、顶轴油系统测出转子顶起高度。顶轴油开启前先在1#瓦瓦盖正上方轴向位置架好百分表表架，表指针打在轴正上方。

（2）将百分表表座吸附在1#瓦瓦盖正上方轴向位置并架好百分表表架，表指针打在压气机R0轮盘上并校零。表指针不能打在压气机轮盘拉杆螺栓上。

（3）在压气机转子R0轮盘与缸体轴向内缸壁之间放置30t液压千斤顶，左右侧各放置一个千斤顶。在千斤顶柱塞顶部放置一块表面光滑平整的铜板。

（4）同时顶起左右两侧千斤顶到2800psi，观察百分表指针到一值后无波动，然后将压力逐步降至2000psi（读出在2000psi处百分表数值，为了测量A值时加上该数值)、1800psi、1600psi，在将压力降到1600psi百分表指针稳定后读出百分表读数，然后将千斤顶完全泄压并拿出千斤顶。

(5) 在转子对轮法兰面内侧与轴承盖轴向位置之间放置30t液压千斤顶，左右侧各放置一个千斤顶。在千斤顶柱塞顶部放置一块表面光滑平整的铜板。

(6) 同时顶起左右两侧千斤顶到2800psi，观察百分表指针到一值后无波动，然后将压力逐步降至2000psi、1800psi、1600psi，在将压力降到1600psi百分表指针稳定后读出百分表读数，然后将千斤顶完全泄压并拿出千斤顶。

(7) 将2次数值累加即为推力间隙值，并将推力间隙值记录至表格上。

(8) 热控回装各测点。

16. 回装压气机进气缸、进气导流锥、测量六点间隙

(1) 用细砂皮和油石仔细打磨上下缸的水平中分面和上缸的前后垂直法兰面，彻底清理掉所有的毛刺和凸起点，仔细检查水平中分面和垂直法兰面是否有裂纹和凹坑等缺陷，必要时予以修复。

(2) 吊起压气机进气缸的时候先用水平仪调整水平，并用孔窥仪配合压缩空气，彻底清除上下半缸任何外来异物及灰尘。

(3) 在压气机进气上半缸与下半缸的距离能让导杆同时插入对应的螺栓孔时，将左右两侧导杆插入。

(4) 起重工调整葫芦，保证4个角上的卷尺读数一致，慢慢地扣下上缸。

(5) 扣好压气机进气缸后拆除导杆并立马将左右两侧的定位销打入，然后将中分面的ITH螺栓插入螺栓孔内（然后紧固所有中分面及压气机缸与压气机进气缸立面的ITH螺栓)。

(6) 扣好压气机进气缸后拆除导杆并立马将左右两侧的定位销打入，将中分面的ITH螺栓插入螺栓孔内，然后紧固所有中分面及压气机缸与压气机进气缸立面的ITH螺栓。

(7) 用细砂皮和油石仔细打磨上下内圆锥的水平中分面及上半的垂直法兰面，彻底清理掉所有毛刺和凸起点，仔细检查水平中分面和垂直法兰面是否有裂纹和凹坑等缺陷，必要时予以修复。

(8) 吊起进口内圆锥的上半并调整水平。用压缩空气仔细吹扫上半内圆锥的内表面和下半内圆锥的内表面。

(9) 在内圆锥下半的水平中分面上安放好垫片。

(10) 将内圆锥的上半缓慢平稳的安放到下半上。

(11) 在水平法兰的销孔内打入销子并在水平法兰的螺孔内旋入螺栓。

(12) 在垂直法兰处的螺孔内旋入螺栓。

(13) 按拧紧螺栓的顺序依次拧紧垂直法兰的连接螺栓和水平法兰的连接螺栓。

（14）拆除压气机进气缸顶缸支撑。

（15）分别进入压气机喇叭口及余热锅炉内透平三级动叶处用塞尺测量R0与内缸壁间隙值及3S叶顶与其护环间隙值并记录在表格上。每级分别取正上方、正下方、左右侧中分面上下共计6点。

（16）用游标卡尺分别测量R2、R5、R10、R17、2S测孔处的数值，每个测量孔附近有该测孔缸壁厚度数值，用测得数据减去缸壁厚度数据即为间隙值并将数据记录在表格中。在测量压气机间隙值的时候需要盘动检修盘车使得在测孔处能看到叶片叶顶。

17. 回装压气机进气道弯头及透平间罩壳等

（1）搭建起回装压气机进气弯头用的脚手架平台。

（2）彻底清除进气道上与进气弯头配合的法兰面上残留的密封橡胶垫片的残留物并用细砂皮打磨干净，彻底清除掉到进气道里的外来物。

（3）彻底清除进气弯头两法兰面上的密封橡胶垫片的残留物并用细砂皮打磨干净。

（4）在与进气弯头配合的法兰面上重新铺上新的密封橡胶垫片。

（5）吊起进气弯头用压缩空气彻底吹扫干净后将进气弯头吊装到位，在两个配合法兰处装上所有的连接螺栓，并按对称交叉的顺序依次拧紧所有的螺栓。

（6）在透平间内塔建起回装透平间顶盖。

（7）依次回装透平间进气前墙板、透平房顶，屋顶风机模块。

（8）将88BT风机出口风道重新焊接好并恢复保温。

（9）热控专业恢复透平间内各测点接线。

（10）热控、电气专业恢复透平间罩壳顶风机相关接线。

（11）回装IGV连杆并拆除相关限位块、葫芦等。

（12）拆除压气机进气口内顶缸支撑。

18. 测量中心数据并调整中心

（1）开启润滑油、顶轴油系统后复测中心数据并将数据填写进表格。将对轮分成4等分并做好标记，分别测量一组外圆数据及4组端面数据。若拆除3#瓦上半则下半瓦需用铜制楔块固定死，保证汽机转子在瓦中心。

（2）若测量的中心数据与标准值有偏差需进行调整，先将前、后地脚螺栓焊接保险切除，将地脚螺栓旋松。在6.5m透平间燃机前后支腿之间用钢管进行连接，使其成为一个整体，然后根据计算出的调整量进行调整。

（3）中心调整后，重新复测数据，合格后将地脚螺栓上紧并焊接新的保险且拆除前后支腿的连接钢管。

19. 回装对轮螺栓、3#瓦上盖、3#瓦轴承盖等

（1）首先按照拆前做的记号将各螺栓装入对应的胀紧套内。

(2) 拆除安装在 3# 瓦处的轴向定位装置。

(3) 接着将对轮之间的垫片装入。

(4) 然后将装好胀紧套的各螺栓按照记号依次装入对轮螺栓孔内。粗的一侧为燃机侧，细的一侧为汽机侧。细的一侧从燃机侧往汽机侧穿。

(5) 假拉一组对轮螺栓，用专用工具拉升（压力打至 20MPa），然后用手旋紧螺帽。

(6) 所有螺栓首先使用专用工具拉升螺栓，使胀紧套与螺栓之间胀紧，根据做的记号对角线一对一对的拉（压力打至 57MPa）。

(7) 紧接着使用专用工具再次拉升螺栓，在专业工具压力打至 87MPa 的时候，旋紧螺栓。根据做的记号对角线一对一对地拉。

(8) 若拆除 3# 瓦上半，则将 3# 瓦上半回装。

(9) 回装对轮罩子，回装 3# 瓦轴承盖及短轴网格罩。

(10) 热控回装相关元器件。

(11) 拆除 3# 瓦进回油管处堵板。

(12) 回装压气机水洗管路。

(13) 回装负荷轴间罩壳化妆板及 88VG 风机模块。

(14) 电气、热控专业恢复 88VG 风机模块接线。

20. IGV 角度标定及检查水洗管路

(1) 待运行投运液压油，热控分别强制 IGV 角度至 34°、57°、86°机务检修人员在相应角度分别取 10 个点进行测量验证是否与强制角度一致。

(2) 对压气机喇叭口进行再次的清洁，保证无任何异物，拆除喇叭口区域脚手架，打扫地面，保证无任何异物，将压气机进气道人孔门封堵。

(3) 运行人员开启水洗泵，检修人员验证经过拆装的水洗管路接头处无渗水、漏水。

第6章

燃气轮机重大事故防范技术措施

6.1 防止压气机断叶片事故

（1）机组启动前防喘抽气阀，监视防喘阀是否打开。

（2）机组启动过程中因振动异常（如发生喘振）停机必须回到盘车状态，应全面检查分析、查明原因，符合启动条件时，才能再次启动，严禁再次盲目启动。

（3）燃机全速空载后，应对燃机各项设备运行状态及参数进行巡查确认无异常后再进行并网操作。

（4）机组运行时投入 AGC，应适当控制 AGC 的上下限，减轻机组负荷波动程度，防止 IGV 叶片开度剧烈波动，减轻压气机叶片发生自激振动的状况。

（5）机组停运时要记录惰走时间，一旦发现惰走时间变短，应及时查找原因，特别应检查转子与静子缸体有无碰磨等声音。当机组轮间温度最高点低于 150℉（65.5℃）后且盘车时间已大于 24h 时才可停运盘车。

（6）机组冷态启动时连续盘车不应少于 4～6h（按《重型燃气轮机操作维护指南》执行）。

（7）燃气轮机停止运行投盘车时，严禁随意开启透平间大门和随意增开冷却风机，以防止因温差大引起缸体收缩而使压气机刮缸。在发生严重刮缸时，应立即停运盘车，采取闷缸措施 48h 后，尝试手动盘车，直至投入连续盘车。

（8）机组日开夜停时应控制两次启动间隔时间，防止出现通流部分刮缸等异常情况。

（9）应按规范（TIL1603 - R1）在具备条件时对压气机使用除盐水进行在线水洗。

（10）严格执行制造厂关于压气机离线水洗的要求，防止压气机效率降低，并减少腐蚀物在叶片上形成积垢的机会。机组离线水洗工作应按水洗规范安排决定或定期开展离线水洗。机组水洗后应安排冷拖甩干或启动点火烘干。特别在冬季清洗压气机，应防止发生残余的水、汽因降温发生结冰现象。对停运机组应积极开展机组保养工作，保持机组处于备用状态，并防止叶片发生腐蚀。

（11）每季度至少进行一次压气机进气过滤系统及进气室部件的维护检查工作，检查内容如下：

1）进气室部件检查范围包括内部的安装框架、挡雾片、进气滤网、消音器、防护网、进气室表面吸音板、滤网反冲洗管路与喷雾冷却装置。

2）检查进气滤网的完整性（滤网不应有破损、脱胶等现象），检查滤网安装的密封性（应完好无漏气现象），对存在缺陷的滤网应安排更换。

3）检查进气室构件的牢固性（不应有脱焊、松动现象）、各金属构件表面不应有严重腐蚀情况。对振动引起的构件松脱现象应分析原因并进行加固。

4）检查进气消音器、墙板吸音板及防护网的表面腐蚀及焊接状况，各表面不应存在腐蚀或脱焊状况，不锈钢防护网不应有破损情况。

5）进气滤网更换时应检查安装滤网的支架是否牢固，安装滤网时须更换螺栓孔的密封垫片。

6）进气过滤系统清理，包括清理水雾分离器的积灰、绞龙杂物清理、滤后检查清理。

7）进气室清理，包括 IGV 清擦。

（12）每年至少进行压气机部件进行内窥镜检查及可见部分目视检查。对 IGV 及压气机 0 级动叶目视检查，其余各级动静叶内窥镜检查，检查叶片腐蚀、结垢及损伤等情况，检查 14 级、15 级、16 级静叶叶根扭转情况，执行《F 级圆锥平底槽压气机叶轮技术支持》的检查的要求，跟踪压气机轮毂裂纹的情况。计划检查工作在机组离线水洗后安排执行。如存在异常情况，则应根据机组运行特点和运行情况缩短检查周期。

（13）每季度测试防喘阀的动作情况。计划检修及小修期间应测试防喘阀的关闭时间，确保防喘阀动作正常。

（14）每半年检查火检冷却系统的完好性，防止水管破裂漏水致使压气机缸体产生不均匀冷却现象。在离线水洗前清擦时检查压气机在线、离线水洗喷头的安装情况，不应存在松动脱落的隐患，同时对喷头内部的杂物应进行清理，确保水洗喷雾效果。

（15）每年进行一次压气机 IGV 角度校验和 IGV 间隙情况检查。

（16）机组 A 修时应开展叶片无损检查，检查动静叶片可能存在的裂纹。一旦发现隐患，应立即更换叶片。

（17）每次机组计划检修期间应按规范测量 IGV 叶片转动间隙及传动齿轮的间隙，对超标现象进行调整。定期更换 IGV 液压缸、控制滑阀和伺服阀，对 IGV 的动作情况进行检查与角度标定（TIL1565），角度标定时应控制在 $\pm 1°$ 之内。机组 A 修时应对 IGV 的传动轴套等进行更换。

(18) 压气机进气缸表面的积垢应安排人工清洗，对缸体表面的油漆进行检查，如有松动起壳等现象，需采取局部铲除抛光或重新防腐补漆等措施，防止油漆脱落造成压气机叶片损伤。

(19) 机组 A 修时应测量压气机转子中心。转子中心的偏移会引起轴承振动，与气缸壁产生摩擦，影响压气机的正常工况。测量时通过测出压气机顶隙，计算出转子中心的偏移量，如不符合制造厂规范则应对转子轴承座定位进行调整。

(20) 机组 A、B 修时应复核与调整辅助联轴节及负荷联轴节的中心，确保轴系对中符合质量要求。机组启动调试时还应进行轴系动平衡数据的测试与调整工作，确保机组振动值在要求之内。

(21) 对检查发现的压气机动、静叶片叶顶的毛刺应修除。检查静叶填隙片的松脱情况及静叶叶根磨损突出情况。测量中分面的叶片落差间隙，按新工艺安装填隙片，防止填隙片松脱跑出。

(22) 检查压气机缸体上孔窥孔螺纹套的安装情况，不应存在掉入缸体的隐患，更换后的闷头螺栓不能超过缸体壁厚。

6.2 防止燃气轮机超速事故

(1) 天然气参数应在设计范围内，确保燃机调节系统应能维持燃气轮机在额定转速下稳定运行，甩负荷后能将燃气轮机组转速控制在超速保护动作值以下。

(2) 燃气关断阀和燃气控制阀（包括燃气压力和燃气流量调节阀）应每年进行严密性试验测试关闭时间，阀门动作过程迅速且无卡涩现象。自检试验不合格，燃气轮机组严禁启动。

(3) 电液伺服阀（包括各类型电液转换器）的性能不符合要求时，不得投入运行。运行中要严密监视其运行状态，不卡涩、不泄漏，系统稳定。大修中要进行清洗、检测等维护工作。备用伺服阀应按照制造商的要求条件妥善保管。

(4) 燃气轮机组轴系两套转速监测装置，应定期开展校验，确保测速装置应可靠、准确。

(5) 燃气轮机组重要运行监视表计，尤其是转速表，显示不正确或失效，严禁机组启动。运行中的机组，在无任何有效监视手段的情况下，必须停止运行。

(6) 透平油和液压油的油质应合格，透平油颗粒度小于 8 级（NAS1638 等级）、水分小于 100；液压油颗粒度小于 6 级（NAS1638 等级）、水分小于 1000。在油质不合格的情况下，严禁燃气轮机组启动。

(7) 透平油、液压油品质应按规程要求每月化验颗粒度、水分，每季度进行油质全分析。燃气轮机本体和油系统检修后，以及燃气轮机组油质劣化时，应缩短化验周期。

(8) 燃气轮机组电超速保护动作转速一般为额定转速的108%、110%。运行期间电超速保护必须正常投入。超速保护不能可靠动作时，禁止燃气轮机组运行。燃气轮机组电超速保护应进行实际升速动作试验，保证其动作转速符合有关技术

(9) 燃气轮机组大修后，必须按规程要求进行燃气轮机调节系统的静止试验或仿真试验，确认调节系统工作正常。否则，严禁机组启动。

(10) 机组停机时，9FA机组应先停运汽轮机，检查发电机有功、无功功率到零，再与系统解列；9E机组应先检查发电机有功、无功功率到零，再与系统解列，严禁带负荷解列。

(11) 对新投产的燃气轮机组或调节系统进行重大改造后的燃气轮机组必须进行甩负荷试验。

(12) 要慎重对待调节系统的重大改造，应在确保系统安全、可靠的前提下，对燃气轮机制造商提供的改造方案进行全面充分的论证。

6.3 防止燃气轮机轴系断裂及损坏事故

(1) 燃气轮机主、辅设备的保护装置必须正常投入，振动监测保护应投入运行；燃气轮机组正常运行瓦振、轴振应小于GE规定的达到有关标准的优良范围，并注意监视变化趋势。

(2) 燃气轮机组应避免在燃烧模式切换负荷区域长时间运行。

(3) 严格按照GE公司的要求，每年对燃气轮机孔探检查，大修期间转子进行表面检查或无损探伤。按照《火力发电厂金属技术监督规程》(DL/T 438—2009) 相关规定，对高温段应力集中部位可进行金相和探伤检查，若需要，可选取不影响转子安全的部位进行硬度试验。

(4) 转子检查发现问题，必须进行处理否则禁止投入运行。已经过GE公司确认可以在一定时期内投入运行的有缺陷转子应对其进行技术评定，根据机组的具体情况、缺陷性质制订运行安全措施，并报上级主管部门备案。

(5) 机组大修后严格按照规程进行超速通道试验。

(6) 为防止发电机非同期并网造成的燃气轮机轴系断裂及损坏事故，应严格落实防止发电机非同期并网的各项措施。

(7) 加强燃气轮机排气温度、排气分散度、轮间温度、火焰强度等运行数据的综合分析，及时找出设备异常的原因，防止局部过热燃烧引起的设备裂纹、涂层脱落、燃烧区位移等损坏。

(8) 机组大修中，应重点检查如下情况：

1) 轮盘拉杆螺栓紧固情况、轮盘之间错位、通流间隙、转子及各级叶片的冷却风道。

2) 平衡块固定螺栓、风扇叶固定螺栓、定子铁芯支架螺栓，并应有完善的防松措施。绘制平衡块分布图。

3) 各联轴器轴孔、轴销及间隙配合满足标准要求，对轮螺栓外观及金属探伤检验，紧固防松措施完好。

4) 燃气轮机热通道内部紧固件与锁定片的装复工艺，防止因气流冲刷引起部件脱落进入喷嘴而损坏通道内的动静部件。

(9) 每年至少一次对压气机进行孔窥检查，防止空气悬浮物或滤后不洁物对叶片的冲刷磨损，或压气机静叶调整垫片受疲劳而脱落。定期对压气机进行离线水洗或在线水洗。机组大修期间对压气机前级叶片进行无损探伤等检查。

(10) 燃气轮机停止运行投盘车时，严禁随意开启罩壳各处大门和随意增开燃气轮机间冷却风机，以防止因温差大引起缸体收缩而使压气机刮缸。在发生严重刮缸时，应立即停运盘车，采取闷缸措施 48h 后，尝试手动盘车，直至投入连续盘车。

(11) 机组发生紧急停机时，应连续盘车 8h 以上，才允许重新启动点火，以防止冷热不均发生转子振动大或残余燃气引起爆燃而损坏部件。

(12) 发生下列情况之一，严禁机组启动：

1) 在盘车状态听到有明显的刮缸声。

2) 压气机进口滤网破损或压气机进气道可能存在残留物。

3) 机组转动部分有明显的摩擦声。

4) 任一火焰探测器或点火装置故障。

5) 燃气辅助关断阀、燃气关断阀、燃气控制阀任一阀门或其执行机构故障。

6) 压气机进口导流叶片和压气机防喘阀活动试验不合格。

7) 燃气轮机排气温度故障测点数不小于 1 个。

8) 燃气轮机主保护故障。

(13) 发生下列情况之一，应立即打闸停机：

1) 运行参数超过保护值而保护拒动。

2) 机组内部有金属摩擦声或轴承端部有摩擦产生火花。

3) 压气机失速，发生喘振。

4) 机组冒出大量黑烟。

5) 机组运行中，要求轴承振动不超过 0.03mm 或相对轴振动不超过 0.08mm，超过时应设法消除，当相对轴振动大于 0.25mm 应立即打闸停机；当轴承振动或相对轴振动变化量超过报警值的 25%，应查明原因设法消除；当轴承振动或相对轴振动突然增加报警值的100%，应立即打闸停机；或严格按照制造商的标准执行。

6）运行中发现燃气泄漏检测报警或检测到燃气浓度有突升，应立即停机检查。

（14）9F机组应按照制造商要求控制两次启动间隔时间应大于8h，防止出现通流部分刮缸等异常情况。

（15）应定期检查燃气轮机、压气机气缸周围的冷却水、水洗等管道、接头、泵压，防止运行中断裂造成冷水喷在高温气缸上，发生气缸变形、动静摩擦设备损坏事故。

（16）燃气轮机热通道主要部件更换返修时，应对主要部件焊缝、受力部位进行无损探伤，检查返修质量，防止运行中发生裂纹断裂等异常事故。

（17）建立燃气轮机组试验档案，包括投产前的安装调试试验、计划检修的调整试验、常规试验和定期试验。

（18）建立燃气轮机组事故档案，记录事故名称、性质、原因和防范措施。

（19）建立转子技术档案，包括制造商提供的转子原始缺陷和材料特性等原始资料，历次转子检修检查资料；燃气轮机组主要运行数据、运行累计时间、主要运行方式、冷热态启停次数、启停过程中的负荷的变化率、主要事故情况的原因和处理；有关转子金属监督技术资料完备；根据转子档案记录，定期对转子进行分析评估，把握转子寿命状态；建立燃气轮机热通道部件返修使用记录台账。

6.4 防止燃烧部件异常损坏事故

（1）仪表指示必须正确。

1）轴向位移表、转子挠度表、振动表、轮间温度表、燃机排气温度表。

2）轴向位移大、燃机振动大、燃机排气分散度大保护在机组运行中必须投入。

（2）燃机启动前必须检查确认。

1）大轴挠度小于0.05mm。

2）四只防喘放气阀开启，IBH手动门VM15－1打开。

3）进口可转导叶应在关闭位置，指示27°。

4）各仓室门都已关闭，轮机间温度在规定范围内。

5）盘车电流不晃动且不大于54A，燃机启动前必须连续盘车4h。

（3）燃机冷拖及升速过程中，严格监视燃机瓦振、轴振、轮间温度、排气分散度变化情况，如任一轴承瓦振超过20.83 mm/s或轴振超过0.216mm机组自动停机，严禁解除振动保护强行通过临界转速。

（4）燃机启动中因振动异常而停机，必须转至盘车状态检查挠度、轮间温度、盘车电流等参数，认真分析、查明原因。当机组已符合启动条件，且连续盘车不少于4h

后方可再次启动，严禁盲目启动。

（5）燃机启停过程中应注意防喘放气阀的位置与燃机转速的对应情况，如出现不对应，且有以下情况之一者，要立即紧急停机。

1）出现振动异常情况。

2）主机出现异常声响。

3）透平排气温度或 FSR 的异常上升。

（6）机组冷态启动时，应检查前置模块性能加热器的正常投入，保证天然气温度高于其露点温度。

（7）9F 机组并网后，应待天然气温度至 150℃时方可将燃烧模式由次先导预混切至先导预混运行，避免因燃烧脉动大对设备造成损伤。

（8）运行过程中应密切监视透平排气温度和排气分散度的变化情况，如出现超标现象且在确认热电偶无异常时应尽快停机检查。

（9）每次机组大修之后应做好运行检查。运行检查是在机组运行时进行全面和连续的观测，把机组稳定状态下的运行数据作为基准数据记录好。这个基准数据可以作为以后机组性能退化的测量参考。

（10）数据应被采集来建立正常设备的起动参数及关键的稳定状态的运行参数。稳定状态是指在 15min 内，轮间温度变化不超过 3℃。数据应在固定时间间隔内测定，用来评估以运行时间为函数的维修需求和燃机性能。运行检查数据包括：负荷与对应的排气温度、振动、燃料流量和压力、轴承金属温度、滑油压力、排烟温度、排气温度分散度和启动时间。

（11）环境温度和大气压力会对排气温度的高低产生一定的影响。因此应在接近的条件下，对负荷与排气温度的一般关系进行观测并与之前数据进行比较。高排气温度表明内部零件的磨损、额外泄漏或压气机积垢等。

（12）应观测燃料系统找出燃料流量和负荷之间的关系。燃料系统中的燃料压力也应观测。燃料压力变化说明燃料喷嘴被堵塞，或燃料流量测量元件损坏或标定不对。

（13）应予以监视的最重要的控制功能是排气温度燃料过量系统和备用超温跳机系统。例行确认这些功能的运行和校准可以减少热通道部件的磨损。

（14）停机时应确认盘车投入正常，转子确已转动；若因盘车故障未能正常投入，应在转子露出部分作记号，定期投入检修盘车转动 180°，并记录时间及转动角度。

（15）在检查之前，为了加速冷却过程、缩短停机时间，有必要对机组进行强制冷却。强制冷却包括延长机组高速盘车时间以使环境空气继续流过机组，这是允许的，尽管在无检修计划正常停机时都倾向于进行盘车自然冷却。要尽量减少强制冷却的使用，这是因为强制冷却会对机组部件造成额外的热应力，从而减少部件寿命。在任何冷却操作期间打开隔间的门是被禁止的，除非紧急情况需要对隔间进行检查，需要打开门。不应通过打开门或隔热层来加快冷却时间，因为外缸的不均匀冷却会导致气缸过度扭曲和叶片摩擦，如果摩擦严重，可导致叶顶疲劳损坏。

（16）应每年对燃烧部件进行孔窥检查。确认所有静止部件和转动部件的安全和正常状态。这包括，但不限于非正常的积垢，表面缺陷（例如磨蚀、腐蚀或者脱落），部件移位，变形或外物击伤，材料部分缺失，击痕，凹陷，裂纹，摩擦或接触痕迹，或者其他非正常现象。

（17）根据设备运行情况，定期进行燃烧调整，避免因燃烧状况不好导致设备寿命减少。

（18）机组水洗前，必须使燃机充分冷却，水洗水温与轮间温度控制在规定范围内，压气机进口温度不大于4℃时禁止水洗。

（19）按照要求开展燃机检修工作。在燃机燃烧检查时，应做好燃料喷嘴、火焰筒、过渡段、联焰管和插片、火花塞组件、火焰探测器和导流套的检查和鉴定。被换下来的火焰筒、过渡段和燃料喷嘴在机组投入运行后进行清理和检修，可在下次燃烧检查时使用。

1）检查和鉴定燃烧室部件。

2）检查和鉴定每个联焰管、插片和火焰筒。

3）对火焰筒进行TBC脱落、磨损和裂纹检查。检查燃烧系统和排气缸有无碎片和排气缸有无碎片和外来物。

4）检查导流套的焊缝有无裂纹。

5）检查过渡段的磨损和裂纹。

6）检查燃料喷嘴前端是否堵塞，全段孔的磨损和安全锁。

7）检查喷嘴组件内所有液体、空气和气体通道有无堵塞、磨损和烧蚀等。

8）检查火花塞部件有无弯曲而影响自由活动，检查电极和绝缘体的情况。

9）更换所有耗损件和断裂的零件，如密封件、锁片、螺母、螺栓和垫片等。

10）对第一季投屏喷嘴隔板进行目视检查，对透平叶片进行孔窥检查，记录下磨损和恶化程度。

a. 进入燃烧外套，用孔窥仪观测压气机末端的叶片情况。

b. 目视检查最后一级透平冬夜和复环。

c. 目视检查排气扩散段流道表面是否有裂纹。检查内外绝热部件是否有绝热材料损失或固定件脱落现象。对E级燃机，还要检查径向扩散器和排气室的隔热装置。

d. 核实清吹阀和单向阀工作正常，确认燃烧控制系统参数的设定和标定正确。

（20）燃机检修后第一次启动时必须在盘车状态下用听棒倾听燃机内部声音。

（21）做好TIL的接受工作，并按照要求制定相关维护和检修计划，做好执行和验收工作。并根据TIL的建议内容，及时对机组的日常维护工作进行修订。

6.5 防止燃气轮机燃气系统泄漏爆炸事故

（1）按燃气管理制度要求，做好燃气系统日常巡检、维护与检修工作，检修燃机、热控班每周对天然气系统法兰、接头进行侧漏。新安装或检修后的管道或设备应进行系统打压试验，确保燃气系统的严密性。

（2）燃气泄漏量达到测量爆炸下限的20%时，不允许启动燃气轮机。

（3）点火失败后，重新点火前必须进行足够时间的清吹，防止燃气轮机和余热锅炉通道内的燃气浓度在爆炸极限而产生爆燃事故。

（4）加强对燃气泄漏探测器的定期维护，每季度进行一次校验，确保测量可靠，防止发生因测量偏差拒报而发生火灾爆炸。

（5）燃料模块内天然气泄漏检测值不为零，必须查明原因。泄漏值大于报警值禁止机组启动。

（6）严禁在运行中的燃气轮机周围进行燃气管系燃气排放与置换作业。

（7）做好在役地下燃气管道防腐涂层的检查与维护工作。正常情况下高压、次高压管道（$0.4\text{MPa}<p<4.0\text{MPa}$）应每3年一次。10年以上的管道每2年一次。

（8）严禁在燃气泄漏现场违规操作。消缺时必须使用专用铜制工具，防止处理事故中产生静电火花引起爆炸。

（9）燃气调压站内的防雷设施应处于正常运行状态。每年雨季前应对接地电阻进行检测，确保其值在设计范围内，应每半年检测一次。

（10）新安装的燃气管道应在24h之内检查一次，并应在通气后的第一周进行一次复查，确保管道系统燃气输送稳定安全可靠。

（11）进入燃气系统区域（调压站、燃气轮机）前应先消除静电（设防静电球），必须穿防静电工作服，严禁携带火种、通信设备和电子产品。

（12）在燃气系统附近进行明火作业时，应有严格的管理制度。明火作业的地点所测量空气含天然气应不超过1%，并经批准后才能进行明火作业，同时按规定间隔时间做好动火区域危险气体含量检测。

（13）燃气调压系统、前置站等燃气管系应按规定配备足够的消防器材，并按时检查和试验。

（14）严格执行燃气轮机点火系统的管理制度，定期加强维护管理，防止点火器、高压点火电缆等设备因高温老化损坏而引起点火失败。

（15）严禁燃气管道从管沟内敷设使用。对于从房内穿越的架空管道，必须做好穿墙套管的严密封堵，合理设置现场燃气泄漏检测器，防止燃气泄漏引起意外事故。

（16）进入厂区的严禁未装设阻火器的汽车、摩托车、电瓶车必须加装阻火器，严禁未装设阻火器的等车辆在燃气轮机的警示范围和调压站内行驶。

（17）巡检燃气系统时，必须使用防爆型的照明工具、对讲机，操作阀门尽量用手操作，必要时应用铜制阀门把钩进行。严禁使用非防爆型工器具作业。

（18）进入燃气禁区的外来参观人员不得穿易产生静电的服装、带铁掌的鞋，不准带移动电话及其他易燃、易爆品进入调压站、前置站。燃气区域严禁照相、摄影。

（19）应结合机组检修，对透平间、燃料模块的天然气系统进行气密性试验，以对天然气管道进行全面检查。

（20）停机后，禁止采用打开燃料阀直接向燃气轮机透平输送天然气的方法进行法兰找漏等试验检修工作。

（21）在天然气管道系统部分投入天然气运行的情况下，与充入天然气相邻的、以阀门相隔断的管道部分必须充入氮气，且要进行常规的巡检查漏工作。

（22）对于与天然气系统相邻的，自身不含天然气运行设备，但可通过地下排污管道等通道相连通的封闭区域，也应装设天然气泄漏探测器。

（23）每年应按照《压力管道安全技术监察规程——工业管道》（TSG D0001—2009）的要求，对天然气管道焊缝进行抽查，抽查数量不小于10%，发现问题及时整改。

附　　录

附录1　9FA燃机大修中使用工器具

序号	物　品　名　称	数量	备　　注
1	安全带	若干	
2	1.8m，Y型安全绳减震包	若干	
3	850W角磨机125mm M14	3	
4	2t×6m扁平尼龙吊带	若干	
5	1t×10m手拉葫芦	4	
6	1t×5m手扳葫芦	4	
7	1.5t×5m手扳葫芦	4	
8	2t×20m手拉葫芦	4	
9	3t×10m手拉葫芦	4	
10	7/8″卸扣	10	
11	1/4″氧焊双管20m M16接头PVC	5	
12	减压器（氧气与乙炔）	各3个	
13	防冲击透明面屏	若干	
14	1/4″工业级直柄风磨	3	
15	1/4″工业级加长直柄风磨	3	
16	9.5mm×30m　三股尼龙绳	5	
17	1-1/16″英制梅花开口扳手	4	
18	1-5/16″英制梅花开口扳手	4	
19	1-3/4″英制梅花开口扳手	4	
20	1-13/16″英制梅花开口扳手12角	4	
21	1-13/16″英制梅花开口扳手	4	
22	1-11/16″英制梅花开口扳手	4	
23	9/16″英制梅花开口扳手	4	

续表

序号	物　品　名　称	数量	备　　注
24	7/8″英制梅花开口扳手	4	
25	5/8″英制梅花开口扳手	4	
26	5/16″英制梅花开口扳手	4	
27	3/8″英制梅花开口扳手	4	
28	3/4″英制梅花开口扳手	4	
29	1-1/2″英制梅花开口扳手	4	
30	1-3/8″英制梅花开口扳手	4	
31	1-1/8″英制梅花开口扳手	4	
32	1/2″方寸 12 角长冲击套筒 1″	4	
33	1/2″方寸 12 角冲击套筒 3/4″	4	
34	1/2″方寸 12 角长冲击套筒 1-1/4″	4	
35	1/2″方寸 12 角长冲击套筒 1-1/8″	4	
36	1-1/8″直打击扳手	4	
37	1-1/4″直打击扳手	4	
38	11/16″英制梅花开口扳手	4	
39	弯角气动扳手 1/2″	2	
40	1″气动扳手	4	
41	各型号扭矩扳手	各 1 套	
42	3/4″气动扳手	4	
43	1″英制梅花开口扳手	4	
44	1-11/16″烟斗型打击扳手	2	
45	15/16″英制梅花开口扳手	4	
46	1-3/16″英制梅花开口扳手 12 角	4	
47	1/2″方寸 12 角冲击套筒 1-3/16″	4	
48	1/2″冲击延长杆 18″长	4	
49	3/4″×5/8″梅花棘轮扳手	4	
50	时代逆变焊机 WSM-160TIG	2	
51	6″、10″、15″、25″尼龙管盖	各 20	
52	充电式冲击扳手	4	
53	橡胶过线槽	若干	
54	24V 便携充电灯	10	
55	钢板尺 1m	4	
56	机械千斤顶	10	
57	卷尺 5m×19mm	10	
58	充电式手提 Led 工作灯	10	

续表

序号	物　品　名　称	数量	备　　注
59	尼龙锤	5	
60	3/8″气钻	2	
61	70000r 精密研磨机	1	
62	百分表 大表盘	10	
63	百分表 小表盘	4	
64	万向磁性表座及表架	20	
65	3/8″- 2 1/4″平行块	2	固安捷官网
66	带断路器接线盘	10	
67	电源线	10	
68	手提式抽送风机 300mm/220V	2	
69	数显游标卡尺 150mm	4	
70	数显游标卡尺 300mm	4	
71	数显游标卡尺 60mm（加长上内量爪）	2	
72	充电便携式可视影像管道镜	2	
73	防爆对讲机	10	
74	5″直角气动角磨机	4	
75	4″直角气动角磨机	4	
76	木锯	4	
77	22oz（560g）木柄安装锤	4	
78	48oz（3LB）木柄重型锤	4	
79	20 Oz 防震羊角锤	4	
80	4LB、8LB、10LB、16LB、18LB 八角锤	4	
81	Ge 1 - 3/4″- 8 Un 普通丝锥	2	
82	塑柄冲击撬棒 18″	6	
83	撬棒 24″、40″、59″	各 6	
84	老虎钳	4	
85	可弯磁性拣拾工具	4	
86	各型号各牛皮紫铜锤	2 把	固安捷官网（共计 5 种型号）
87	8mm×300mm 一字通体螺丝刀	4	
88	木柄圆头锤	4	
89	强力安全气枪 G1/4″	4	
90	伸缩规	2	6 件套
91	各测量范围深度千分尺	各 2	
92	24mm 吊耳	10	
93	3/4″卸扣	10	

续表

序号	物　品　名　称	数量	备　　注
94	各测量范围公制内径千分尺	各 2	
95	皮尺 30m	2	
96	多功能强光巡检手电筒（海洋王）	4	
97	Nc 3/4″-10 螺纹牙套安装工具	2	
98	9″×230mm 水平尺	2	
99	16、32、50	各 6	
100	条式水平仪 200mm	2	
101	螺纹规 套装 英制 1/4″-1″	2	
102	1.5″、3″ 油漆铲刀	10	
103	手柄式玻璃刮刀	10	
104	1/2″ 卸扣	10	
105	5/8″卸扣	10	
106	红色铝合金安全锁	10	6mm 锁钩 27mm 净高
107	硬尼龙木柄锤 60mm	5	
108	850W 角磨机 100mm	2	
109	1/2″气动扳手	4	
110	数显角度尺 300mm	2	
111	多种气体检查仪	4	
112	宽口大力钳	4	
113	充电式电钻起子机	2	
114	气源分配器	2	
115	1/2″气动钻	2	
116	数显楔形塞尺 0.2～10mm	2	
117	六角板牙 Nc 1/2″-13	2	
118	1/2″方寸 6 角长冲击套筒 1-1/8″	4	
119	6m×8m 防水 PVC 耐磨篷布	4	
120	麻绳 18mm 直径 20m 长	10	
121	25T 高强环眼型圆吊带（转子）	10	
122	P80 手动液压泵 2.2 升	6	
123	5T 超薄油缸	6	行程 6mm 本体 32mm
124	10T 油缸	6	行程 54mm 本体 121mm
125	各测量范围公制外径千分尺（机械＋数显）	各 2	
126	1/16″～3/8″长六角扳手组套	4	
127	5t×4m 圆形吊索	10	
128	1″、1-1/2″、1-1/4″卸扣	10	

续表

序号	物 品 名 称	数量	备 注
129	1/2″长内六角扳手	4	
130	长塞尺0.02～1mm	4	
131	16t千斤顶	6	
132	8″×2″×1″双面油石	10	
133	18″管钳	4	
134	10″半圆锉 数量 精2，粗1	4	
135	斜口钳	4	
136	3/4″冲击套筒万向转接头	4	
137	安全刀具（替代美工刀）	10	
138	1″方寸12角冲击套筒1-1/16″	4	
139	刀口尺300mm×200mm	4	
140	活扳手（各尺寸）	4	
141	黄铜板150mm×150mm×10mm	20	
142	焊接防火毯1.68m×1.73m	若干	
143	各型号焊条	若干	
144	布基胶带	若干	
145	垃圾袋	若干	
146	松锈剂WD-40	若干	
147	各型号切割片	若干	
148	塑料薄膜	若干	
149	防咬合剂	若干	
150	工业百洁布	若干	
151	棉抹布	若干	
152	合金磨头	若干	
153	美文纸胶带	若干	
154	尤维斯镜片清洁液	若干	
155	尤维斯镜片清洁纸巾	若干	
156	各型号铜丝刷	若干	
157	各型号扎带	若干	
158	9.5mm×30m 三股尼龙绳	若干	
159	透明胶带	若干	
160	黄黑地胶带	若干	
161	直柄羊毛刷子	若干	
162	各型号砂纸	若干	
163	百叶轮	若干	

续表

序号	物品名称	数量	备注
164	转矩砂碟	若干	
165	曲丝碗型刷	若干	
166	自封塑料袋	若干	
167	带杆千页轮	若干	
168	各型号不锈钢焊丝	若干	
169	安全眼镜	若干	
170	防油污皮质安全手套	若干	
171	耳塞	若干	
172	一次性连体服	若干	
173	一次性防尘口罩	若干	
174	焊接用防尘口罩	若干	
175	橡胶手套	若干	
176	ITH 螺栓拉升工具组套（含电泵）	各 2	拉伸器 MS2－1/2－1650；拉伸器 MS2－1/4－1327；拉伸器 MS2－925；拉伸器 MS2－1035；拉伸器 MS1－3/4－784；拉伸器 MS1－1/2－565；拉伸器 ES1－1/2－567
177	透平排气缸用支撑套管	各 20	Φ75×Φ60×300mm；Φ91×Φ76×300mm；Φ104×Φ89×300mm
178	转子导向支架	各 1	1 瓦、2 瓦处各 1 副
179	转子支撑架下钢垫板	2	
180	转子支撑架	2	
181	顶缸支撑及找中支撑	1	各缸各 1 副
182	3# 瓦处进回油管堵板	1	
183	导杆	1 套	开缸、扣缸用
184	天然气系统打压用堵板	1 套	
185	燃机侧对轮螺栓拉伸工具组套	1 套	
186	汽机侧对轮螺栓拉伸工具组套	1 套	
187	2000×2000×20mm 钢板	1	备用
188	轴向限位器	1	
189	手盘转子工具	1	

附录 2　9FA 燃机大修需准备备件

序号	物 料 描 述	GE 号	数量
1	GASKET - SPIRAL WOUND	318A9713P054	18
2	BOLT 12 PT	N733AP39064	5
3	WIRE LOCKING INSERT	N926P00333	2
4	WIRE LOCKING INSERT	N926P00439	2
5	GASKET	372A1159P009	72
6	GASKET, SPIRAL WOUND	N5606P02006G11	36
7	GASKET	372A1159P010	36
8	SIGHT TUBE PIPE ASSY	233C2501G001	2
9	RING, PISTON - COMB	239B9413P001	18
10	TUBE, CROSSFIRE (FEMALE)	204D4501P003	19
11	TUBE, CROSSFIRE (MALE)	204D4501P004	19
12	RETAINER, CROSSFIRE TUBE	204D2905P001	36
13	CAP SCREW & FIN BOL	N14P29020	5
14	GASKET	372A3395P001	36
15	SCREW, SOCKET HEAD CAP	N170P25010	10
16	ALY STL 12PT SCREW	N733AP35048	5
17	GASKET	318A9713P041	18
18	STOP, LINER ANTI - WITHDRAWA	230C3206P001	2
19	SCREW, CAP FLAT HEX	N646P25010	5
20	NUT SLFLKG	974A0953P008	5
21	SCREW, CAP HEX HD	N14P33044	5
22	GASKET	372A1159P009	36
23	SCREW, CAP HEX HD	N14P33032	2
24	LK WASHER, SPRING	N406P42	8
25	GASKET	184A8731P001	6
26	NUT, HEX	N227P23	2
27	PISTON ASSY	216B6700G003	2
28	GASKET	318A9713P027	2
29	GASKET	372A1159P010	4
30	CLAMP, SUPPORT	154D7578G001	10
31	LOCK PLATE	318A9872P001	20

续表

序号	物料描述	GE号	数量
32	TP BOLT	186C1916P022	20
33	TP LKPLATE	318A9872P002	36
34	TP BOLT	219B6733P003	54
35	TP LKPLATE	224B9719P001	27
36	TP LKPLATE	224B9719P002	27
37	TP RETAINER ASSEMBLY	332B1842G001	18
38	SIDE SEAL	233C2503P003	18
39	TP LKPLATE	318A9872P002	18
40	TP BOLT	186C1916P031	5
41	ALY STL 12PT SCREW	N733AP35048	10
42	GASKET	318A9711P003	18
43	GASKET	372A1159P009	18
44	WIRE LOCKING INSERT	N926BP00335	4
45	WIRE LOCKING INSERT	N926BP00229	2
46	WIRE LOCKING INSERT	N926BP00233	8
47	WIRE LOCKING INSERT	N926BP00235	16
48	ALY STL 12PT SCREW	N733AP44064	2
49	GASKET，SPIRAL - WOUND	302A4594P321	1
50	CLAMP，HOLD DOWN	196D1373P002	1
51	LOCK PLATE	294A0151P005	2
52	BOLT HX HD	293A0915P024	4
53	LOCK PLATE	294A0151P008	4
54	LOCK PLATE	242B9789P001	2
55	CLAMP，HOLD DOWN	196D1373P001	1
56	PLATE，CLAMPING	227C9571P001	2
57	PLATE，CLAMPING	227C9572P001	4
58	PIN	324A9748P001	4
59	BOLT HX HD	293A0914P008	2
60	LOCK PLATE	294A0151P007	4
61	KEY，LOCATING NOZZ 1STG	227C9570P001	1
62	KEY，LOCATING NOZZ 1STG	227C9570P002	1
63	SEAL，CLOTH	114E1707P150	22
64	SEAL，CLOTH	114E1707P151	22
65	SEAL，CLOTH	114E1707P110	22
66	SEAL，CLOTH	114E1707P111	22

续表

序号	物 料 描 述	GE 号	数量
67	SEAL，CLOTH	114E1707P253	22
68	SEAL，CLOTH	114E1707P109	22
69	SEAL，CLOTH	114E1707P113	22
70	SEAL，CLOTH	114E1707P115	22
71	SEAL，HORZ JOINT	199D3157P059	2
72	SEAL，HORZ JOINT	199D3157P058	2
73	SEAL，HORZ JOINT	199D3157P063	2
74	SEAL，HORZ JOINT	199D3157P061	2
75	SEAL，HORZ JOINT	199D3157P118	2
76	SEAL，HORZ JOINT	199D3157P057	2
77	SEAL，HORZ JOINT	199D3157P117	2
78	SEAL，HORZ JOINT	199D3157P183	2
79	PIN，ANTI-ROT，STG1 NOZ	332B6835P001	24
80	BOLT HX HD	N14P33032	1
81	PIN，RETAINING-NOZZLE	242B9749P003	10
82	PLUG，RETAINER	324A9737P001	5
83	SEAL，HORZ JOINT	199D3157P040	2
84	SEAL，HORZ JOINT	199D3157P041	2
85	SEAL，HORZ JOINT	199D3157P042	2
86	SEAL，CLOTH	114E1707P095	22
87	SEAL，CLOTH	114E1707P094	22
88	SEAL，CLOTH	114E1707P096	22
89	SEAL，HORZ JOINT	199D3157P043	2
90	SEAL，HORZ JOINT	199D3157P044	2
91	SEAL，HORZ JOINT	199D3157P045	2
92	SEAL，HORZ JOINT	199D3157P046	2
93	SEAL，CLOTH	114E1707P090	22
94	SEAL，CLOTH	114E1707P093	22
95	SEAL，CLOTH	114E1707P089	22
96	SEAL，CLOTH	114E1707P092	22
97	SEAL，CLOTH	114E1707P088	22
98	SEAL，CLOTH	114E1707P091	22
99	SEAL，HORZ JOINT	199D3157P047	2
100	SEAL，HORZ JOINT	199D3157P048	2
101	V-SEAL 1 = 4 SEGMENTS	362A2404P001	1

续表

序号	物　料　描　述	GE 号	数量
102	ADAPTER，TUBING	255A4330P001	2
103	TUBING	201C7024P003	4
104	PIN，DIAPHRAGM	242B9757P001	24
105	SCREW，SET	N634P2308	10
106	WIRE LOCKING INSERT	N926CP00444H2	2
107	DOWEL 1/2 - OD X 1.4 -	158A5636P001	4
108	TOOTH，INSERTED	242B9781P001	66
109	BOLT 12 PT	N733AP44072	1
110	ALY STL 12PT SCREW	N733AP44080	11
111	PIN，RETAINING - NOZZLE	242B9749P003	20
112	PLUG，RETAINER	324A9737P001	20
113	SEAL，CLOTH	114E1707P098	22
114	SEAL，CLOTH	114E1707P100	18
115	SEAL，TURB - NOZZLE，STG 3	236C1043P001	20
116	SEAL，TURB - NOZZLE，STG 3	236C1043P002	20
117	SEAL，CLOTH	114E1707P102	18
118	SEAL，CLOTH	114E1707P101	18
119	SEAL，CLOTH	114E1707P103	18
120	SEAL，HORZ JOINT	199D3157P049	2
121	SEAL，HORZ JOINT	199D3157P050	2
122	SEAL，HORZ JOINT	199D3157P051	2
123	SEAL，HORZ JOINT	199D3157P052	2
124	SEAL，HORZ JOINT	199D3157P053	2
125	SEAL，CLOTH	114E1249P001	38
126	SEAL，CLOTH	114E1249P002	76
127	SEAL，CLOTH	114E1249P003	38
128	SEAL，CLOTH	114E1249P004	38
129	SEAL，CLOTH	114E1249P005	80
130	SEAL，HORZ JOINT	199D3157P071	2
131	SEAL，HORZ JOINT	199D3157P069	4
132	SEAL，HORZ JOINT	199D3157P068	2
133	SEAL，HORZ JOINT	199D3157P070	2
134	PIN，DOWEL	324A9728P001	20
135	PIN，SHROUD	332B7727P001	6
136	PIN，SHROUD	318A9823P002	2

续表

序号	物料描述	GE号	数量
137	PIN，STRAIGHT，HEADLESS	324A5920P001	2
138	SEAL，HORZ JOINT	237C5297P002	1
139	SEAL，HORZ JOINT	355B5400P001	2
140	SEAL，HORZ JOINT	237C5297P001	1
141	SEAL，BRAIDED WIRE ROPE	352A6917P006	2
142	PIN，SHROUD	332B7727P002	5
143	PIN，SHROUD	318A9823P002	2
144	SEAL，CLOTH	114E1249P006	46
145	SEAL，CLOTH	114E1249P007	46
146	SEAL，CLOTH	114E1249P008	46
147	SEAL，HORZ JOINT	199D3157P072	2
148	SEAL，HORZ JOINT	199D3157P075	2
149	SEAL，HORZ JOINT	199D3157P076	2
150	SEAL，HORZ JOINT	199D3157P074	2
151	SEAL，HORZ JOINT	199D3157P073	2
152	PIN，SHROUD	332B7727P002	8
153	SEAL，CLOTH	114E1249P009	42
154	SEAL，CLOTH	114E1249P010	42
155	SEAL，HORZ JOINT	199D3157P077	2
156	SEAL，HORZ JOINT	199D3157P078	2
157	PIN，SHROUD	357B3718P002	2
158	PIN PLATFORM SEAL STG 1	242B9736P002	92
159	PIN，SHANK SEAL STG 1	320B6161P002	92
160	WIRE LOCK STG 1	100T3596P001	1
161	PIN，DOWEL	314A5196P003	13
162	PIN PLATFORM SEAL STG 2	242B9707P001	92
163	PIN SHANK SEAL STG 2	242B9708P003	184
164	WIRE LOCK STG 2	100T3596P002	1
165	PIN，DOWEL	314A5196P004	13
166	GASKET，INCONEL MESH	351A9259P004	2
167	GASKET，INCONEL MESH	351A9259P003	2
168	INT PRESSURIZED WAVE SEAL	362A1504P002	1
169	A16Y1C1　000. 23D 000. 00	50410	396
170	SEAL，FLEXIBLE	188D7643G001	1
171	SEAL，FLEXIBLE	227C5548P001	12

续表

序号	物 料 描 述	GE 号	数量
172	SEAL, FLEXIBLE	227C5547P001	10
173	SEAL, FLEXIBLE	227C5546P001	4
174	GASKET	198D1112P001	1
175	ALY STL 12PT SCREW	N733AP52096	16
176	12PT SCREW	N733AP52088	2
177	12PT SCREW	N733AP52112	22
178	12PT SCREW	N733AP44084	40
179	TWLEVE PT LOCK NUT	N272QP00044	40
180	SCREW, 12 PT	N733DP35040	48
181	WASHER	227C5077P003	72
182	CLIP, ANTI-ROTATION	188D7960P001	96
183	ALY STL 12PT SCREW	N733AP35072	36
184	TWLEVE PT LOCK NUT	N272QP00035	36
185	SCREW, 12 PT	N733DP35032	48
186	CLIP, ANTI-ROTATION	188D7960P001	96
187	PLATE, LOCKING	314B3120P001	2
188	BOLT HX HD	293A0903P012	4
189	BOLT 12 PT, 3/4-10 X 3	N733CP35048	24
190	CLIP, ANTI-ROTATION	188D7975P001	24
191	Bearing Float FWD Seal Ring	159A921-1	2
192	Bearing Float AFD Seal Ring	159A921-2	2
193	NICHROME STRIP	26594	30
194	THERMOCOUPLE ASSY, BRG	362A1885G001	2
195	CLAMP	247B7289P001	2
196	SCREW, MCH FLAT HD	N51P21010B	2
197	TUBING	286A6364P004	20
198	TUBING, SHRINKABLE	286A6364P007	1
199	GLAND, PACKING TUBE	227C9753P002	1
200	GLAND, PACKING TUBE	227C9753P004	1
201	CLAMP	247B7289P001	4
202	THERMOCOUPLE ASSY, BRG	362A1885G001	4
203	SCREW, MCH FLAT HD	N51P21010B	4
204	TUBING	286A6364P004	20
205	TUBING, SHRINKABLE	286A6364P007	1
206	BOLT-CLEARANCEOMETER PLUG	239B9719P008	8

续表

序号	物 料 描 述	GE 号	数量
207	BOLT - CLEARANCEOMETER PLUG	239B9719P009	2
208	BOLT - CLEARANCEOMETER PLUG	239B9719P010	2
209	GASKET	302A4594P016	2
210	GASKET	302A4594P013	16
211	GASKET	302A4594P017	4
212	PLUG，BORESCOPE	321C1643P001	6
213	BOLT - CLEARANCEOMETER PLUG	239B9719P008	4
214	CONN，TUBE - MALE	332B7419P001	4
215	ALY STL 12PT SCREW	N733AP35072	6
216	ALY STL 12PT SCREW	N733AP44080	54
217	ALY STL 12PT SCREW	N733AP44072	2
218	PLATE，LOCKING	242B9789P001	4
219	GASKET	331B1515P001	1
220	RTV 60	0659A911P0077	8
221	SEAL，STATIONARY，OIL - BRG2	193D2021G001	1
222	O - RING	188D7872G005	1
223	SEALING COMPOUND	34726	1
224	SEALING COMPOUND	48159	1
225	HX HD CAP SCR & BOLT	N14TP37040	12
226	LOCKPLATE，NUT&BOLT	227C5909P003	2
227	SHIM，THRUST BEARING	227C5673P001	2
228	BRNG ARR，THRST - HP，BRNG (FWD)	369A1422P001	1
229	BRNG ARR，THRST - HP，BRNG (AFT)	369A1423P001	1
230	GASKET	332B1311P001	2
231	TUBING，SHRINKABLE	286A6364P007	5
232	TUBING，SHRINKABLE	286A6364P005	10
233	GLAND，PACKING TUBE	227C9753P002	1
234	CABLE SEAL LOW PRESSURE	354A1400P001	2
235	THERMOCOUPLE ASSY，BRG	362A1885G001	2
236	CLAMP	247B7289P001	2
237	SCREW，MCH FLAT HD	N51P21010B	2
238	NICHROME STRIP	26594	24
239	CLAMP，LOOP	286A6218P007	10
240	SCREW，CAP HEX HD	N22P21010	8
241	RTV SILICONE RUBBER	35327	12

续表

序号	物料描述	GE号	数量
242	Gasket 1/4″ Thk With Adhesive One Side Black Closed Cell, Compression Defl. =1/8″	IPLFS9F28C-GC43	1
243	Gasket 1/4″ Thk With Adhesive One Side Black Closed Cell, Compression Defl. =1/8″	IPLFS9F28C-GA44	1
244	Gasket 1/4″ Thk With Adhesive One Side Black Closed Cell, Compression Defl. =1/8″	IPLFS9F28C-GD44	1
245	Gasket 1/4″ Thk With Adhesive One Side Black Closed Cell, Compression Defl. =1/8″	IPLFS9F28C-GE44	2
246	Gasket 1/4″ Thk With Adhesive One Side Black Closed Cell, Compression Defl. =1/8″	IPLFS9F28C-GB43	2
247	Gasket 1/4″ Thk With Adhesive One Side Black Closed Cell, Compression Defl. =1/8″	IPLFS9F28C-GB44	2
248	Gasket 1/4″ Thk With Adhesive One Side Black Closed Cell, Compression Defl. =1/8″	IPLFS9F28C-GC44	1
249	Plate 1.5mm	ICOFS9F14C-G3	1
250	Plate 1.5mm	ICOFS9F14C-H3	10
251	Bolt Hex 1-8UNC-2A X 3″	SB08JSC	10
252	KEY, CENTERLINE GUIDE	354A2816P008	2
253	SHIM, EXHAUST FRAME	227C5646P003	1
254	SHIM, EXHAUST FRAME	227C5646P004	1
255	GASKET	372A1159P005	11
256	GASKET	372A1159P003	6
257	Heavy Balance Weight	339A6489P002	5
258	Light Balance Weigh	339A6489P001	5
259	Light Balance Weigh	114A5677G001	5
260	Heavy Balance Weight	114A5677G006	5
261	SCREW, HEX HD. HVY	N60QP33036	72
262	GASKET	372A1159P009	18
263	LK WASHER, SPRING	N405P00047	72
264	GASKET, SPIRAL WOUND	N5606P02506G11	1
265	LOCK NUT	N266AP00035	8
266	SCREW, HEX HD. HVY	N60QP35056	8
267	GASKET, SPIRAL WOUND	N5606P03006G11	1
268	SCREW, HEX HD. HVY	N60QP35060	8
269	LOCK NUT	N266AP00035	8
270	GASKET, SPIRAL WOUND	N5606P02506G11	18
271	SCREW, HEX HD. HVY	N60QP35044	144

续表

序号	物　料　描　述	GE 号	数量
272	LK WASHER, SPRING	N405P00048	144
273	GASKET, SPIRAL WOUND	N5606P04003G11	2
274	SCREW, HEX HD. HVY	N60QP35064	16
275	LOCK NUT	N266AP00035	16
276	GASKET, SPIRAL WOUND	N5606P02006G11	18
277	SCREW, HEX HD. HVY	N60QP33056	144
278	LOCK NUT	N266AP00033	144
279	GASKET, SPIRAL WOUND	N5606P03006G11	1
280	SCREW, HEX HD. HVY	N60QP35060	8
281	LOCK NUT	N266AP00035	8
282	GASKET, SPIRAL WOUND	N5606P04003G11	1
283	SCREW, HEX HD. HVY	N60QP35064	8
284	LOCK NUT	N266AP00035	8
285	GASKET, SPIRAL WOUND	N5606P08003G11	4
286	SCREW, HEX HD. HVY	N60QP37084	24
287	LOCK NUT	N266AP00037	48
288	ALY STL 12PT SCREW	N733AP39052	80
289	GASKET, SPIRAL-WOUND	302A4594P316	12
290	SCREW, HEX HD. HVY	N60QP37080	24
291	GASKET, SPIRAL WOUND	N5606P08001G11	2
292	BOLT, HEX HD - ALLOY STL	N14P35044	16
293	LOCK PLATE	294A0150P027	16
294	GASKET, SPIRAL WOUND	N5606P08001G11	2
295	BOLT, HEX HD - ALLOY STL	N14P35064	16
296	STL LOCKNUT	N265BP00035	16
297	GASKET, SPIRAL WOUND	N5606P05001G11	4
298	BOLT, HEX HD - ALLOY STL	N14P35044	32
299	LOCK PLATE	294A0150P027	32
300	ORIFICEPLATE	242B9679P049	2
301	GASKET, SPIRAL WOUND	N5606P05003G11	4
302	BOLT, HEX HD - ALLOY STL	N14P35080	16
303	STL LOCKNUT	N265BP00035	16
304	GASKET, SPIRAL WOUND	N5606P10001G11	12
305	BOLT, HEX HD - ALLOY STL	N14P37064	48
306	STL LOCKNUT	N265BP00037	48

续表

序号	物 料 描 述	GE 号	数量
307	BOLT，HEX HD - ALLOY STL	N14P37052	48
308	LOCK PLATE	294A0150P030	48
309	GASKET，SPIRAL WOUND	N5606P05001G11	16
310	SCREW，CAP HEX HD	N14P35040	64
311	LOCK PLATE	294A0150P006	64
312	SCREW，CAP HEX HD	N14P35056	64
313	STL LOCKNUT	N265BP00035	64
314	GASKET，SPIRAL WOUND	N5606P12001G11	4
315	SCREW，CAP HEX HD	N14P37064	48
316	STL LOCKNUT	N265BP00037	56
317	GASKET，SPIRAL WOUND	N5606P12001G11	5
318	SCREW，CAP HEX HD	N14P37064	60
319	STL LOCKNUT	N265BP00037	60
320	GASKET，SPIRAL WOUND	N5606P14001G11	1
321	BOLT HX HD	N14P39072	12
322	STL LOCKNUT	N265BP00039	12
323	GASKET	372A1159P010	9
324	BOLT，HEX HD - ALLOY STL	N14P35052	36
325	STL LOCKNUT	N265BP00035	36
326	12 PT SCREW 1.75 - 8×9	N733AP52144	1
327	ROUND NUT 1.75 - 8	353B3535P003	1
328	Bolts	N733AP52112	6
329	Bolts	N733AP44072	2
330	WIRE LOCKING INSERT	N926CP00444H2	2
331	BUSHING	158A7888P012	128
332	SPACER	330B2275P002	64
333	BUSHING	339A9913P008	64
334	GEAR，IGV 9 - F	357A1659P001	64
335	SCREWDRIVE	293A0670P012	4
336	ADAPTER，POINTER 9 - F	301C3666P001	1
337	STANDARD DOWEL PIN	N507P2510	2
338	STANDARD DOWEL PIN	N507P1908	2
339	RING&RACK ASSY，VIGV 9F	227C9286G004	1
340	BOLT，HEX HD - ALLOY STL	N14P29050	32
341	SCREW	N173P2912	64

续表

序号	物料描述	GE 号	数量
342	PIN DOWEL	158A5457P059	32
343	SPRING，WASHER	158A7887P002	64
344	SHIM	298A8537P008	32
345	SHIM	298A8537P007	32
346	SHIM	298A8537P006	32
347	SHIM	298A8537P005	32
348	PIN DOWEL	158A5457P026	8
349	D6A2C5　000.00　000.00	31412	1
350	PIN，DOWEL HARD&GRD	N507P1916	2
351	STL STR PIN	389A3716P001	64
352	PIN，DOWEL HARD&GRD	N507P1316	64
353	THRUST WASHER，IGV	352A6633P006	64
354	RACK，GEAR	357A1657P002	4
355	RING，RUB	204D4829P001	1
356	ALY STL 12PT SCREW	N733AP39044	4
357	PIN DOWEL	158A5457P080	4
358	SCREW，CAP HEX HD	N22P29018	1
359	ALY STL 12PT SCREW	N733AP35032	32
360	BOLT 12 PT	N733AP35076	4
361	SCREW，SOCKET HEAD CAP	N170P23016	2
362	SOCKET HEAD CAP SCREW	N170P33016	3
363	STEEL WASHER PLAIN	N402P75	1
364	STL SPRING LOCK WASHER	N405P75	1

附录 3　1# 瓦轴承及其密封间隙检查表

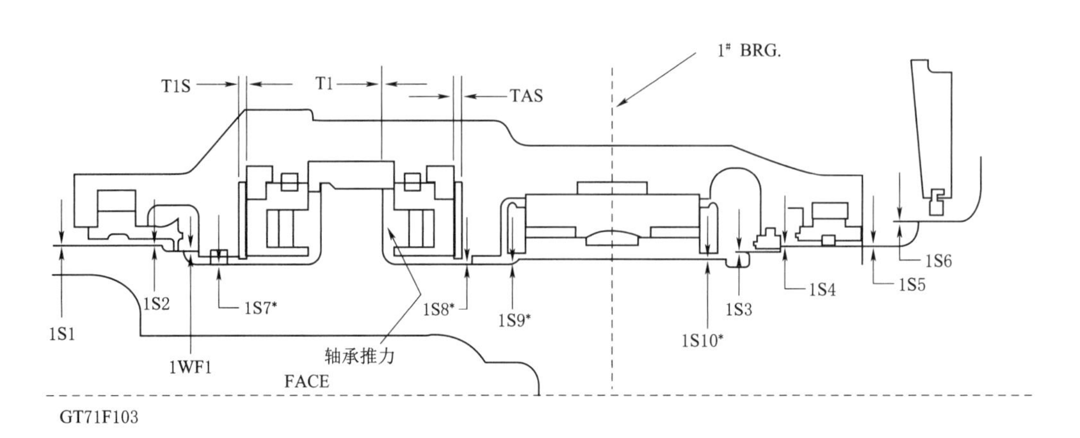

测量单位：mm　　修前 □　　修后 □

间隙数据					
DIM	左	右	顶	底	左右之和
1S1					
1S2					
1S3					
1S4					
1S5					
1S6					
1S7					
1S8					
1S9					
1S10					
1WF1					

DIM	描述	数据		日期
T1	推力间隙			
T1S	副推力垫片厚度	U. H.		
		L. H.		
TAS	主动推力垫片厚度	U. H.		
		L. H.		

附录 4　$2^{\#}$ 瓦轴承及其密封间隙检查表

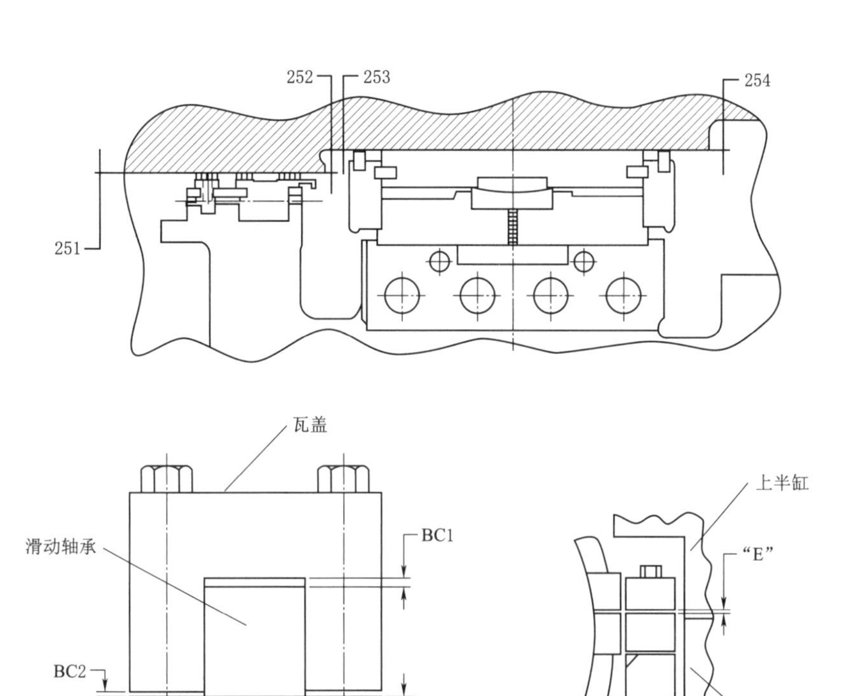

测量单位：mm　　修前 □　　修后 □

间　隙　数　据					
DIM	左	右	顶	底	左右之和
2S1					
2S2					
2S3					
2S4					

间　隙　数　据	
BC1	
BC2	
E	

附录 5　IGV 间隙及晃度检查表

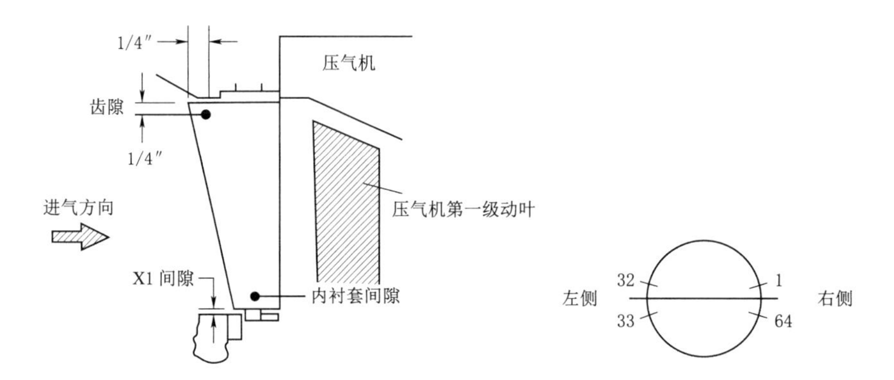

测量单位：mm

序号	齿隙	X1	X2	序号	齿隙	X1	X2	序号	齿隙	X1	X2
1				23				45			
2				24				46			
3				25				47			
4				26				48			
5				27				49			
6				28				50			
7				29				51			
8				30				52			
9				31				53			
10				32				54			
11				33				55			
12				34				56			
13				35				57			
14				36				58			
15				37				59			
16				38				60			
17				39				61			
18				40				62			
19				41				63			
20				42				64			
21				43							
22				44							

附录 6　压气机部分通流间隙检查表

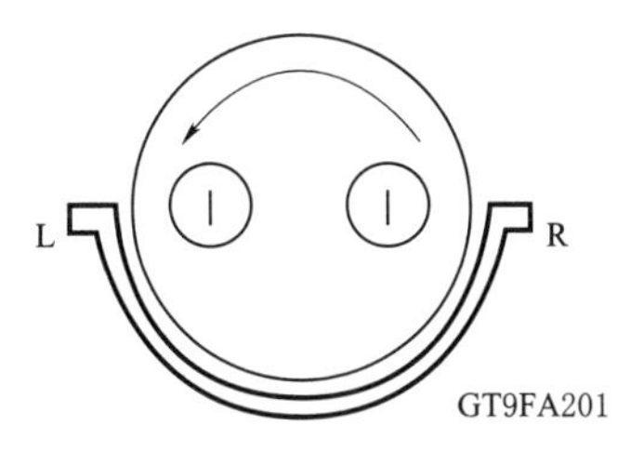

位置 1 是指压气机转子 1# 螺栓孔的左边或右边的位置

测量单位：mm　　修前 □　　修后 □

级数	修前		修后		级数	修前		修后	
	1L	1R	1L	1R		1L	1R	1L	1R
R0					R11				
S0					S11				
R1					R12				
S1					S12				
R2					R13				
S2					S13				
R3					R14				
S3					S14				
R4					R15				
S4					S15				
R5					R16				
S5					S16				
R6					R17				
S6					S17				
R7					EGV1				
S7					EGV2				
R8					RA				
S8					XA				
R9					9E				
S9					13E				
R10									
S10									

附录 7　透平部分通流间隙检查表

测量单位：mm　　修前 □　　修后 □

第一级序号	修前		修后		第二级序号	修前		修后	
	1L	1R	1L	1R		1L	1R	1L	1R
A					2F2				
1F2					2F3				
1F3					2F4				
1F4					2A2				
1F5					2A3				
1A2					2A4				
1A3					2PL				
1A4					2PH				
1PL					2S				
1PH					2S－1				
1PA					S2－2				
1R					2SA				
E					2SA－1				
					2SA－2				
					2F				

第三级序号	修　前		修　后	
	1L	1R	1L	1R
3F2				
3F3				
3F4				
3A1				
3A2				
3A3				
3S				
3S－1				
3S－2				
3SA				
3SA－1				
3SA－2				
3F				

附录8　六点间隙检查表

测量单位：mm　　修前 □　　修后 □

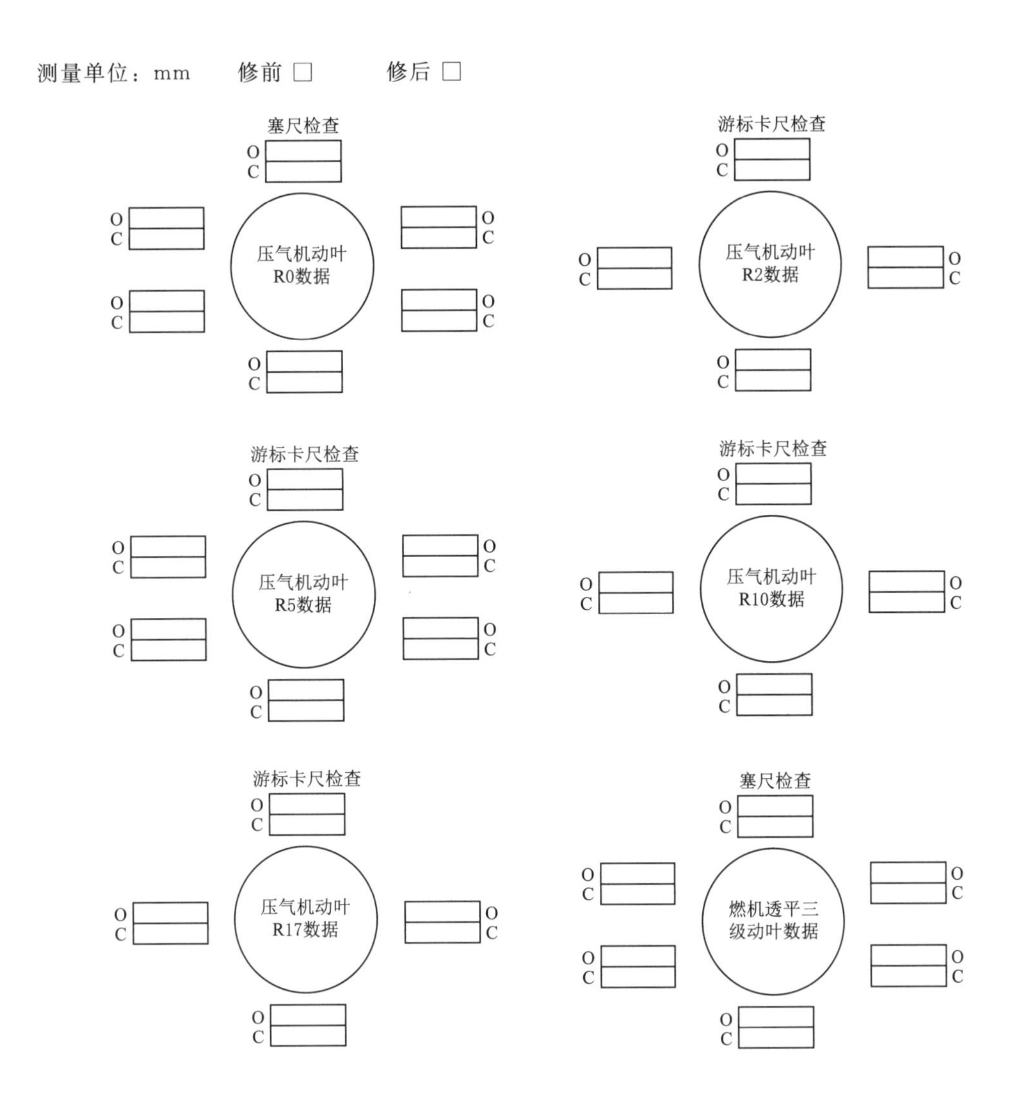

附录9 IGV 角度检查表

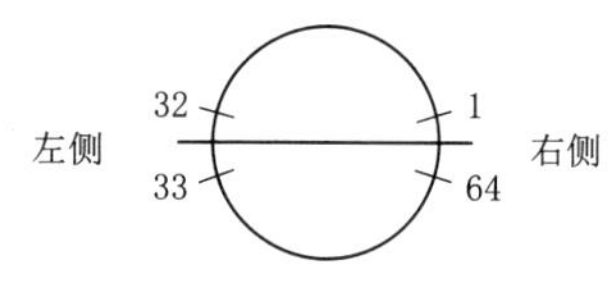

序号	34°	57°	86°	序号	34°	57°	86°	序号	34°	57°	86°
1				23				45			
2				24				46			
3				25				47			
4				26				48			
5				27				49			
6				28				50			
7				29				51			
8				30				52			
9				31				53			
10				32				54			
11				33				55			
12				34				56			
13				35				57			
14				36				58			
15				37				59			
16				38				60			
17				39				61			
18				40				62			
19				41				63			
20				42				64			
21				43							
22				44							

附录 10　找中数据检查表

测量单位：mm　　对轮直径：　　mm　　修前 □　　修后 □

表安装位置	读数位置

位置	上	左	下	右
外圆 1				
外圆 2				
外圆平均值				
端面 0°				
端面 90°				
端面 180°				
端面 270°				
端面平均值				
端面偏差值				

位置	上	左	下
外圆 1			
外圆 2			
外圆平均值			

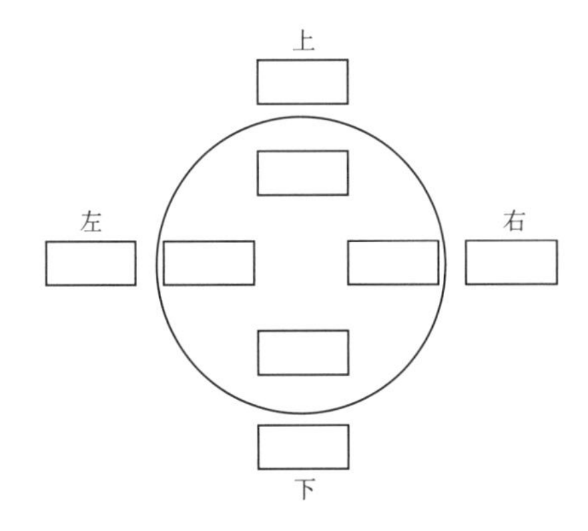

附录11　吊 装 方 案

附录11.1　透平排气缸吊装方案

载荷信息（不得超载吊装作业）
载荷信息：质量＝15622kg；长度＝1829mm，宽度＝4362mm
起重作业中特殊安全防护措施及注意事项
1. 透平排气缸在整个吊装过程中不允许任何人站在透平排气缸下方。 2. 不要因为缆绳的角度缩短倒链，否则倒链或吊索将超过其设计张力。 3. 系紧透平排气缸水平接头周围使用的任何工具、灯或其他物体。
通信指挥沟通方式
适用的通信沟通方式：无线对讲机
使用的吊索具（说明类型，载荷）
5t×2m 聚酯吊索（6 条） 10t×3m 吊链（4 条） 1－1/8″×3m 吊索钢丝绳（2 条） 17t 卸扣（4 个）
吊装步骤说明
1. 根据吊装计划、吊装图安装吊索和倒链，使用重量和重心图纸（MLI 0407）和关键吊装计划中所示的 4 点附件布置，装配以准备拆除。 2. 将上半透平排气缸顶起尽可能高的高度。 3. 使用合适的垫块，将透平排气缸放置在垫块上。
图纸/照片说明
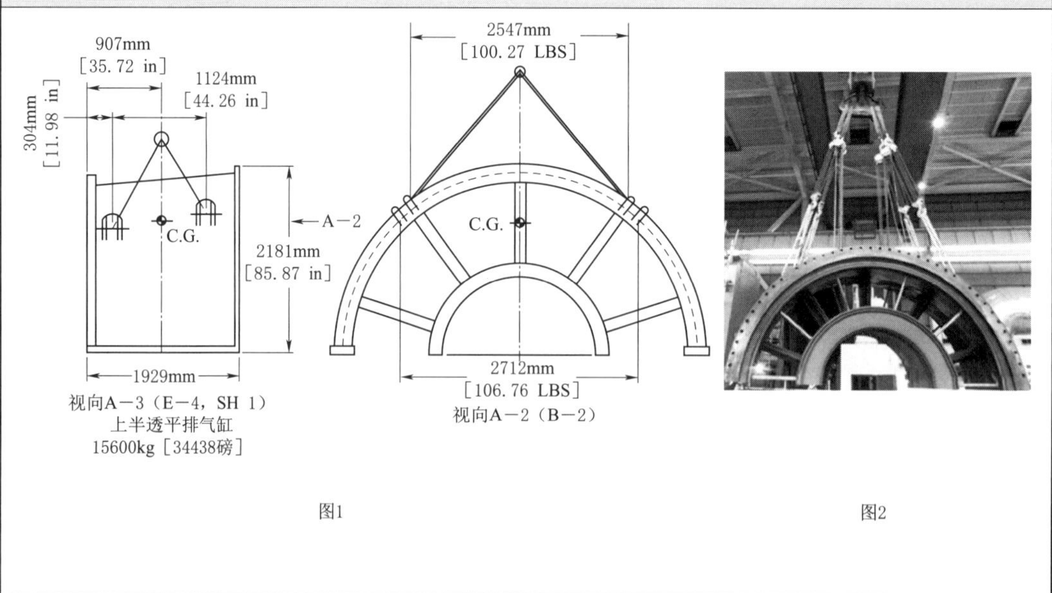

图1　　图2

附录 11.2　压气机进气缸吊装方案

载荷信息（不得超载吊装作业）

载荷信息：质量＝12557kg；长度＝2300mm，宽度＝3867mm

起重作业中特殊安全防护措施及注意事项

1. 压气机进气缸在整个吊装过程中不允许任何人站在压气机进气缸下方。
2. 不要因为缆绳的角度缩短倒链，否则倒链或吊索将超过其设计张力。
3. 系紧压气机进气缸水平接头周围使用的任何工具、灯或其他物体。

通信指挥沟通方式

适用的通信沟通方式：无线对讲机

使用的吊索具（说明类型，载荷）

5t×2m 聚酯吊索（6 条）
10t×3m 吊链（4 条）
1 - 1/8″×3m 吊索钢丝绳（2 条）
17t 卸扣（4 个）

吊装步骤说明

1. 根据吊装计划、吊装图安装吊索和倒链，使用重量和重心图纸（MLI 0407）和关键吊装计划中所示的 4 点附件布置，装配以准备拆除。
2. 将上半压气机进气缸顶起尽可能高的高度。
3. 使用合适的垫块，将压气机进气缸放置在垫块上。

图纸/照片说明

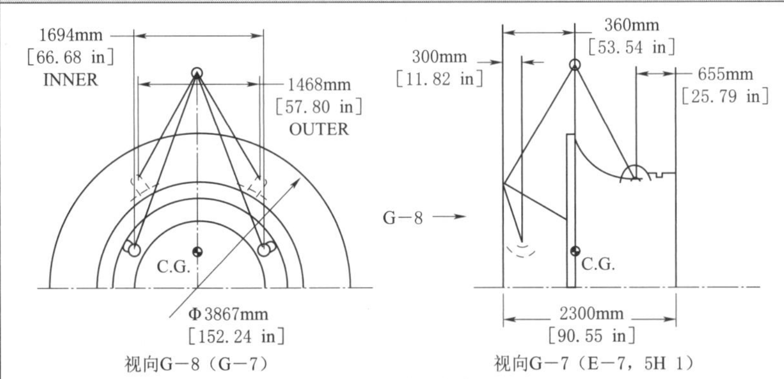

上半压气机进气缸
12557kg
[27683磅]

图1

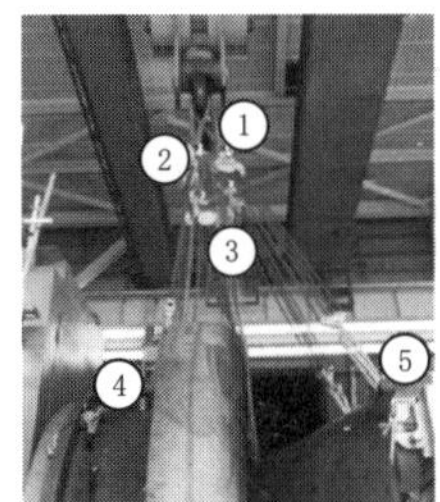

图2

附录 11.3 透平缸吊装方案

载荷信息（不得超载吊装作业）
载荷信息：质量＝16101kg；长度＝2066mm，宽度＝4668mm
起重作业中特殊安全防护措施及注意事项
1. 透平缸在整个吊装过程中不允许任何人站在透平缸下方。 2. 不要因为缆绳的角度缩短倒链，否则倒链或吊索将超过其设计张力。 3. 系紧透平缸水平接头周围使用的任何工具、灯或其他物体。
通信指挥沟通方式
适用的通信沟通方式：无线对讲机
使用的吊索具（说明类型，载荷）
5t×2m 聚酯吊索（6 条） 10t×3m 吊链（4 条） 1 - 1/8″×3m 吊索钢丝绳（2 条） 17t 卸扣（4 个）
吊装步骤说明
1. 根据吊装计划、吊装图安装吊索和倒链，使用重量和重心图纸（MLI 0407）和关键吊装计划中所示的 4 点附件布置，装配以准备拆除。 2. 将上半透平缸顶起尽可能高的高度。 3. 使用合适的垫块，将透平缸放置在垫块上。
图纸/照片说明
in 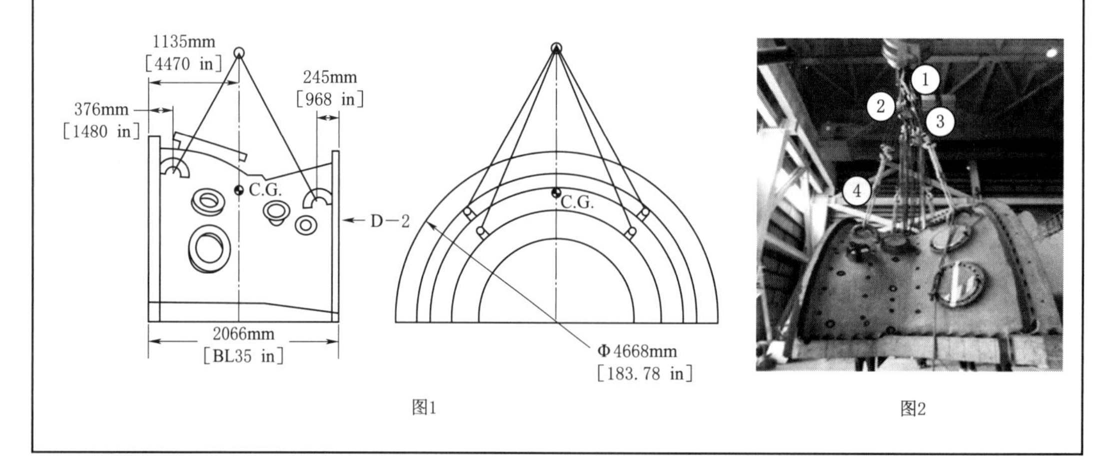 图1　图2

附录 11.4　压气机排气缸吊装方案

载荷信息（不得超载吊装作业）

载荷信息：质量＝14918kg；长度＝2413mm，宽度＝4668mm

起重作业中特殊安全防护措施及注意事项

1. 压气机排气缸在整个吊装过程中不允许任何人站在压气机排气缸下方。
2. 不要因为缆绳的角度缩短倒链，否则倒链或吊索将超过其设计张力。
3. 系紧压气机排气缸水平接头周围使用的任何工具、灯或其他物体。

通信指挥沟通方式

适用的通信沟通方式：无线对讲机

使用的吊索具（说明类型，载荷）

5t×2m 聚酯吊索（6 条）
10t×3m 吊链（4 条）
17t 卸扣（4 个）；10t 卸扣（4 个）
25t 专用吊耳（2 个）

吊装步骤说明

1. 根据吊装计划、吊装图安装吊索和倒链，使用重量和重心图纸（MLI 0407）和关键吊装计划中所示的 4 点附件布置，装配以准备拆除。
2. 将上半压气机排气缸顶起尽可能高的高度。
3. 使用合适的垫块，将压气机排气缸放置在垫块上。

图纸/照片说明

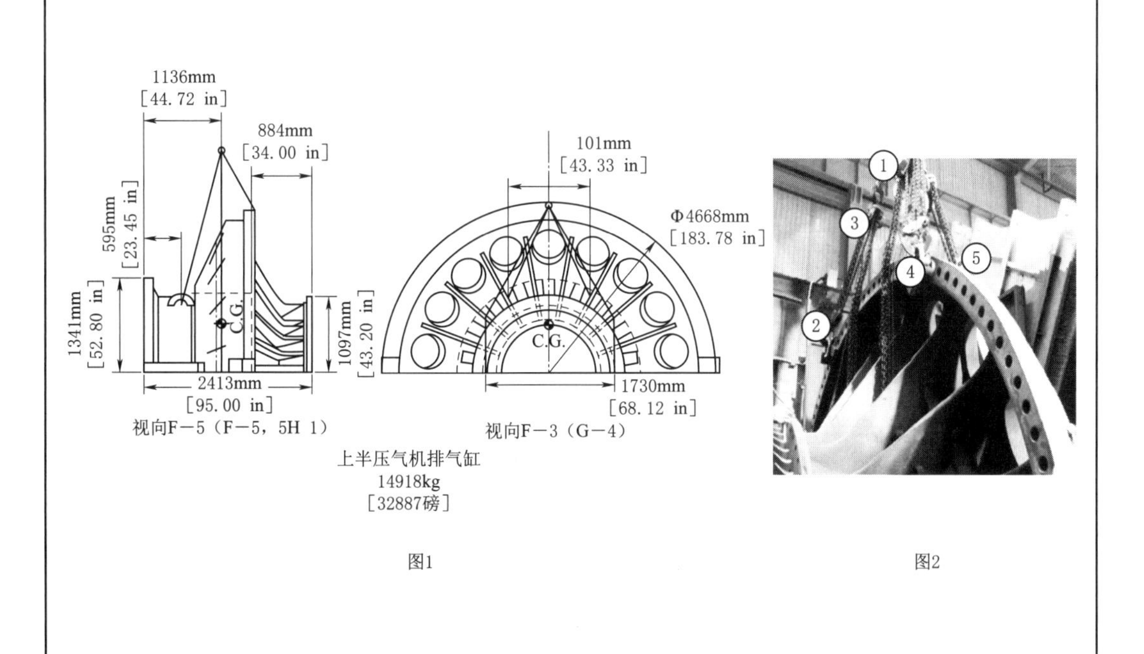

图1　　图2

附录 11.5　压气机进气弯头吊装方案

载荷信息（不得超载吊装作业）

载荷信息：质量=16101kg；长度=2066mm，宽度=4668mm

起重作业中特殊安全防护措施及注意事项

1. 压气机进气弯头在整个吊装过程中不允许任何人站在压气机进气弯头下方。
2. 不要因为缆绳的角度缩短倒链，否则倒链或吊索将超过其设计张力。
3. 系紧压气机进气弯头水平接头周围使用的任何工具、灯或其他物体。

通信指挥沟通方式

适用的通信沟通方式：无线对讲机

使用的吊索具（说明类型，载荷）

2t×6m 聚酯吊索（2 条）
10t×3m 吊链（4 条）
8.5t 卸扣（2 个）
8t 卸扣（6 个）

吊装步骤说明

1. 根据吊装计划、吊装图安装吊索和倒链，使用重量和重心图纸（MLI 0407）和关键吊装计划中所示的 4 点附件布置，装配以准备拆除。
2. 将压气机进气短接尽可能起高。
3. 使用合适的垫块，将压气机进气弯头放置在垫块上。

图纸/照片说明

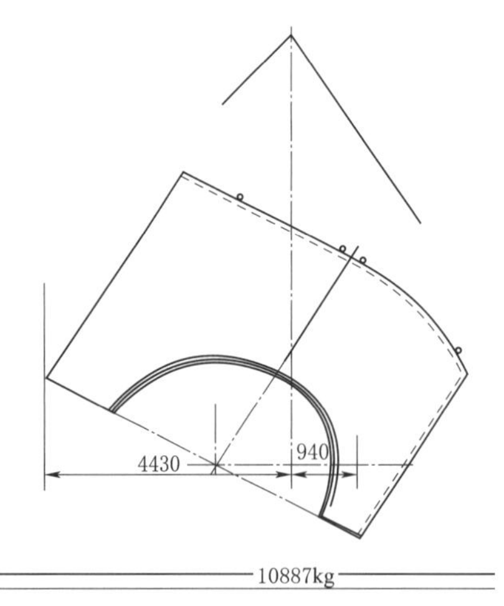

图1

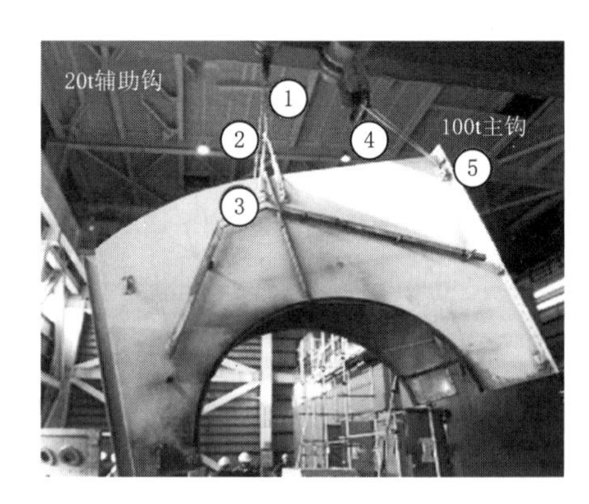

图2

附录 11.6 压气机进气导流锥吊装方案

载荷信息（不得超载吊装作业）
载荷信息：质量＝950kg；长度＝1020mm，宽度＝3900mm
起重作业中特殊安全防护措施及注意事项
1. 压气机进气导流锥在整个吊装过程中不允许任何人站在压气机进气导流锥下方。 2. 不要因为缆绳的角度缩短倒链，否则倒链或吊索将超过其设计张力。 3. 系紧压气机进气导流锥水平接头周围使用的任何工具、灯或其他物体。
通信指挥沟通方式
适用的通信沟通方式：无线对讲机
使用的吊索具（说明类型，载荷）
1t×1.5m 聚酯吊索（4 条）；1t×2m 聚酯吊索（2 条） 2t×3m 吊链（2 条） 3/4″卸扣（4 个） 1″吊环螺栓（4 个）
吊装步骤说明
1. 根据吊装计划、吊装图安装吊索和倒链，使用重量和重心图纸（MLI 0407）和关键吊装计划中所示的 4 点附件布置，装配以准备拆除。 2. 将压气机进气导流锥上半尽可能起高。 3. 使用合适的垫块，将压气机进气导流锥放置在垫块上。
图纸/照片说明

附录 11.7 风机模块吊装方案

载荷信息（不得超载吊装作业）
载荷信息：质量＝3500kg；长度＝3000mm，宽度＝2400mm
起重作业中特殊安全防护措施及注意事项
1. 风机模块在整个吊装过程中不允许任何人站在风机模块下方。 2. 不要因为缆绳的角度缩短倒链，否则倒链或吊索将超过其设计张力。 3. 系紧风机模块水平接头周围使用的任何工具、灯或其他物体。
通信指挥沟通方式
适用的通信沟通方式：无线对讲机
使用的吊索具（说明类型，载荷）
5t×5m 聚酯吊索（4 条） 聚酯吊带保护套（4 条） 7/8″卸扣（4 个）
吊装步骤说明
1. 根据吊装计划、吊装图安装吊索和倒链，使用重量和重心图纸（MLI 0407）和关键吊装计划中所示的 4 点附件布置，装配以准备拆除。 2. 将风机模块尽可能起高。 3. 使用合适的垫块，将风机模块放置在垫块上。
图纸/照片说明

附录 11.8　透平喷嘴（二级、三级）吊装方案

载荷信息（不得超载吊装作业）
载荷信息：质量＝115kg；长度＝760mm，宽度＝390mm
起重作业中特殊安全防护措施及注意事项
1. 透平喷嘴在整个吊装过程中不允许任何人站在透平喷嘴下方。 2. 不要因为缆绳的角度缩短倒链，否则倒链或吊索将超过其设计张力。 3. 系紧透平喷嘴水平接头周围使用的任何工具、灯或其他物体。
通信指挥沟通方式
适用的通信沟通方式：无线对讲机
使用的吊索具（说明类型，载荷）
2t×1.5m 聚酯吊索（2 条） 聚酯吊带保护套（2 条） 2t×3m 链条（2 条）
吊装步骤说明
1. 根据吊装计划、吊装图安装吊索和倒链，使用重量和重心图纸（MLI 0407）和关键吊装计划中所示的 4 点附件布置，装配以准备拆除。 2. 将透平喷嘴尽可能起高。 3. 将各喷嘴放置在指定的位置并妥善保管。
图纸/照片说明

附录 11.9 88BT 风机风道吊装方案

载荷信息（不得超载吊装作业）
载荷信息：质量=250kg；长度=1500mm，宽度=900mm
起重作业中特殊安全防护措施及注意事项
1. 88BT 风机风道在整个吊装过程中不允许任何人站在 88BT 风机风道下方。 2. 不要因为缆绳的角度缩短倒链，否则倒链或吊索将超过其设计张力。 3. 系紧 88BT 风机风道水平接头周围使用的任何工具、灯或其他物体。
通信指挥沟通方式
适用的通信沟通方式：无线对讲机
使用的吊索具（说明类型，载荷）
2t×2m 聚酯吊索（2 条）；2t×3m 聚酯吊索（4 条） 聚酯吊带保护套（2 条） 2t×3m 链条（1 条）
吊装步骤说明
1. 根据吊装计划、吊装图安装吊索和倒链，使用重量和重心图纸（MLI 0407）和关键吊装计划中所示的 4 点附件布置，装配以准备拆除。 2. 将 88BT 风机风道尽可能起高。 3. 使用合适的垫块，将 88BT 风机风道放置在垫块上。
图纸/照片说明

附录 11.10　透平护环吊装方案

载荷信息（不得超载吊装作业）
载荷信息：质量=33kg；长度=254mm，宽度=153mm
起重作业中特殊安全防护措施及注意事项
1. 透平护环在整个吊装过程中不允许任何人站在透平护环下方。 2. 不要因为缆绳的角度缩短倒链，否则倒链或吊索将超过其设计张力。 3. 系紧透平护环水平接头周围使用的任何工具、灯或其他物体。
通信指挥沟通方式
适用的通信沟通方式：无线对讲机
使用的吊索具（说明类型，载荷）
5/8″卸扣（1个） 3/8″吊环螺栓（1个） 2t×3m 链条（1条）
吊装步骤说明
1. 根据吊装计划、吊装图安装吊索和倒链，使用重量和重心图纸（MLI 0407）和关键吊装计划中所示的4点附件布置，装配以准备拆除。 2. 将透平护环尽可能起高。 3. 将透平护环放置在指定的位置并妥善保管。
图纸/照片说明

附录 11.11 燃烧器吊装方案

载荷信息（不得超载吊装作业）
载荷信息：质量＝850kg；长度＝1200mm，宽度＝712mm
起重作业中特殊安全防护措施及注意事项
1. 燃烧器在整个吊装过程中不允许任何人站在透平护环下方。 2. 不要因为缆绳的角度缩短倒链，否则倒链或吊索将超过其设计张力。 3. 系紧燃烧器水平接头周围使用的任何工具、灯或其他物体。
通信指挥沟通方式
适用的通信沟通方式：无线对讲机
使用的吊索具（说明类型，载荷）
1t×2m 聚酯吊索（2 条） 3/4″通用吊环螺栓（2 个） 2t×3m 起重链（2 条）
吊装步骤说明
1. 根据吊装计划、吊装图安装吊索和倒链，使用重量和重心图纸（MLI 0407）和关键吊装计划中所示的 4 点附件布置，装配以准备拆除。 2. 将燃烧器尽可能起高。 3. 使用合适的垫块，将各燃烧器放置在垫块上。
图纸/照片说明

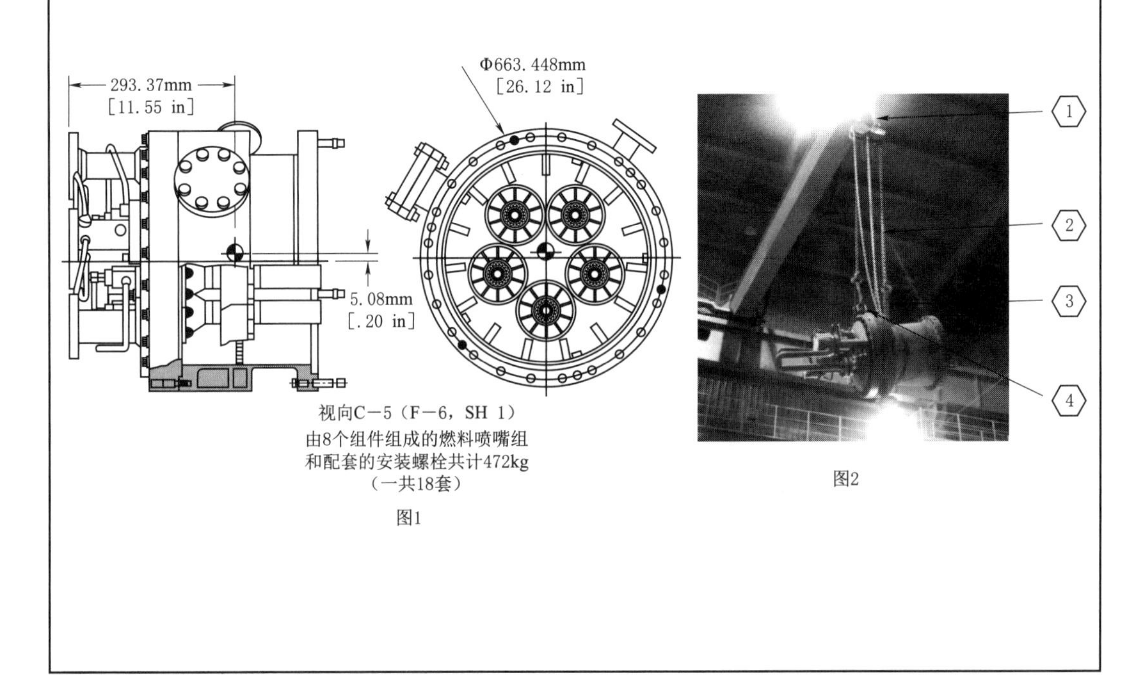

视向C－5（F－6，SH 1）
由8个组件组成的燃料喷嘴组
和配套的安装螺栓共计472kg
（一共18套）

图1

图2

附录 11.12　过渡段吊装方案

载荷信息（不得超载吊装作业）
载荷信息：质量=83kg；长度=785mm，宽度=500mm
起重作业中特殊安全防护措施及注意事项
1. 过渡段在整个吊装过程中不允许任何人站在过渡段下方。 2. 不要因为缆绳的角度缩短倒链，否则倒链或吊索将超过其设计张力。 3. 系紧过渡段水平接头周围使用的任何工具、灯或其他物体。
通信指挥沟通方式
适用的通信沟通方式：无线对讲机
使用的吊索具（说明类型，载荷）
1t×2m 聚酯吊索（2 条） 2t×3m 起重链（2 条）
吊装步骤说明
1. 根据吊装计划、吊装图安装吊索和倒链，使用重量和重心图纸（MLI 0407）和关键吊装计划中所示的 4 点附件布置，装配以准备拆除。 2. 将过渡段尽可能起高。 3. 将过渡段放置在指定的位置并妥善保管。
图纸/照片说明

附录 11.13 火焰筒吊装方案

载荷信息（不得超载吊装作业）
载荷信息：质量=45kg；长度=913mm，宽度=485mm
起重作业中特殊安全防护措施及注意事项
1. 火焰筒在整个吊装过程中不允许任何人站在火焰筒下方。 2. 不要因为缆绳的角度缩短倒链，否则倒链或吊索将超过其设计张力。 3. 系紧火焰筒水平接头周围使用的任何工具、灯或其他物体。
通信指挥沟通方式
适用的通信沟通方式：无线对讲机
使用的吊索具（说明类型，载荷）
1t×2m 聚酯吊索（2 条） 2t×3m 起重链（2 条）
吊装步骤说明
1. 根据吊装计划、吊装图安装吊索和倒链，使用重量和重心图纸（MLI 0407）和关键吊装计划中所示的 4 点附件布置，装配以准备拆除。 2. 将火焰筒尽可能起高。 3. 将火焰筒放置在指定的位置并妥善保管。
图纸/照片说明
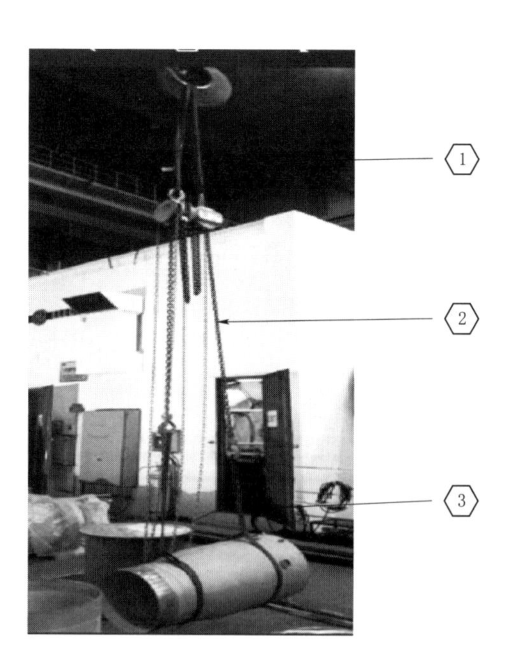

附录 11.14　导流衬套吊装方案

载荷信息（不得超载吊装作业）
载荷信息：质量=83kg；长度=803mm，宽度=571mm
起重作业中特殊安全防护措施及注意事项
1. 导流衬套在整个吊装过程中不允许任何人站在导流衬套下方。 2. 不要因为缆绳的角度缩短倒链，否则倒链或吊索将超过其设计张力。 3. 系紧导流衬套水平接头周围使用的任何工具、灯或其他物体。
通信指挥沟通方式
适用的通信沟通方式：无线对讲机
使用的吊索具（说明类型，载荷）
1t×2m 聚酯吊索（2 条） 2t×3m 起重链（2 条）
吊装步骤说明
1. 根据吊装计划、吊装图安装吊索和倒链，使用重量和重心图纸（MLI 0407）和关键吊装计划中所示的 4 点附件布置，装配以准备拆除。 2. 将导流衬套尽可能起高。 3. 将导流衬套放置在指定的位置并妥善保管。
图纸/照片说明

附录 11.15　透平内缸吊装方案

载荷信息（不得超载吊装作业）
载荷信息：质量=1474kg；长度=1710mm，宽度=850mm
起重作业中特殊安全防护措施及注意事项
1. 透平内缸在整个吊装过程中不允许任何人站在透平内缸下方。 2. 不要因为缆绳的角度缩短倒链，否则倒链或吊索将超过其设计张力。 3. 系紧透平内缸水平接头周围使用的任何工具、灯或其他物体。
通信指挥沟通方式
适用的通信沟通方式：无线对讲机
使用的吊索具（说明类型，载荷）
1t×1.5m 聚酯吊索（4 条） 1t×2m 聚酯吊索（2 条） 2t×3m 起重链（2 条） 5/8″卸扣（4 个）；3/4″吊环螺栓（8 个）
吊装步骤说明
1. 根据吊装计划、吊装图安装吊索和倒链，使用重量和重心图纸（MLI 0407）和关键吊装计划中所示的 4 点附件布置，装配以准备拆除。 2. 将透平内缸尽可能起高。 3. 使用合适的垫块，将透平内缸放置在垫块上。
图纸/照片说明

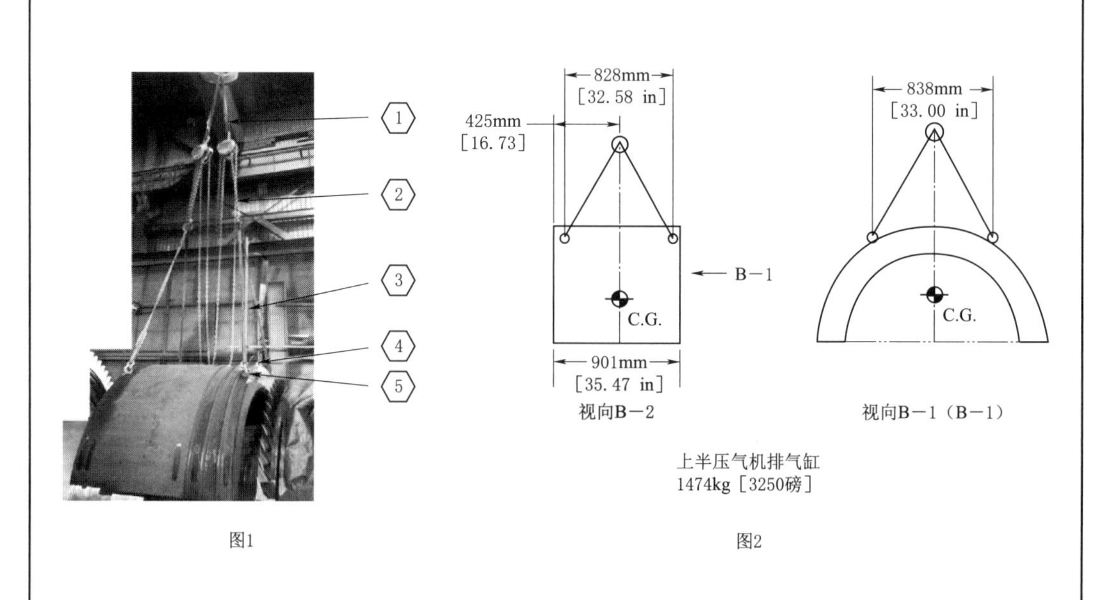

图1

图2

附录 11.16　负荷短轴吊装方案

载荷信息（不得超载吊装作业）
载荷信息：质量＝2948kg；长度＝1943mm，宽度＝933mm
起重作业中特殊安全防护措施及注意事项
1. 负荷短轴在整个吊装过程中不允许任何人站在负荷短轴下方。 2. 不要因为缆绳的角度缩短倒链，否则倒链或吊索将超过其设计张力。 3. 系紧负荷短轴水平接头周围使用的任何工具、灯或其他物体。
通信指挥沟通方式
适用的通信沟通方式：无线对讲机
使用的吊索具（说明类型，载荷）
1t×2m 聚酯吊索（4 条） 2t×3m 起重链（2 条） 1″吊环螺栓（1 个）
吊装步骤说明
1. 根据吊装计划、吊装图安装吊索和倒链，使用重量和重心图纸（MLI 0407）和关键吊装计划中所示的 4 点附件布置，装配以准备拆除。 2. 将负荷短轴尽可能起高。 3. 将负荷短轴按照定制图位置放置。
图纸/照片说明

图1

1943mm
[76.50 in]
1027mm
[40.44 in]
933mm
[36.75 in]
C.G.
起吊点
起吊点

视向G－3
负荷短轴（带透平侧法兰安装螺栓）
2948kg [6500磅]

图2

附录11.17　1#瓦轴承盖吊装方案

载荷信息（不得超载吊装作业）
载荷信息：质量=2301kg；长度=1612mm，宽度=1190mm
起重作业中特殊安全防护措施及注意事项
1. 1#瓦轴承盖在整个吊装过程中不允许任何人站在1#瓦轴承盖下方。 2. 不要因为缆绳的角度缩短倒链，否则倒链或吊索将超过其设计张力。 3. 系紧1#瓦轴承盖水平接头周围使用的任何工具、灯或其他物体。
通信指挥沟通方式
适用的通信沟通方式：无线对讲机
使用的吊索具（说明类型，载荷）
2t×2m聚酯吊索（2条） 2t×3m起重链（2条） 1″吊环螺栓（2个）
吊装步骤说明
1. 根据吊装计划、吊装图安装吊索和倒链，使用重量和重心图纸（MLI 0407）和关键吊装计划中所示的4点附件布置，装配以准备拆除。 2. 将1#瓦轴承盖尽可能起高。 3. 使用合适的垫块，将1#瓦轴承盖放置在垫块上。
图纸/照片说明
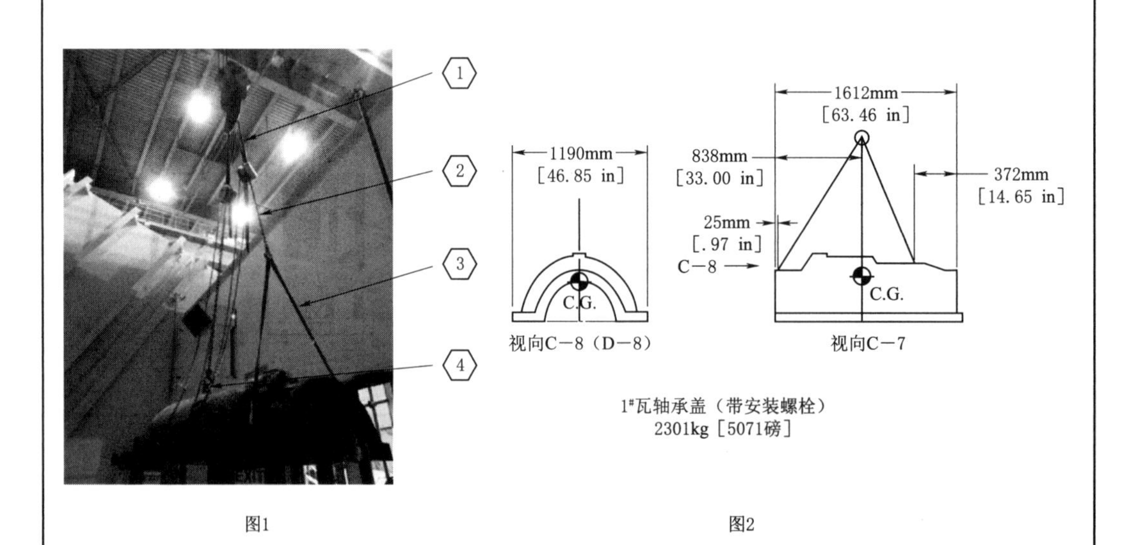 图1　　图2

附录 11.18 2# 瓦轴承盖吊装方案

载荷信息（不得超载吊装作业）
载荷信息：质量＝1169kg；长度＝1098mm，宽度＝1267mm
起重作业中特殊安全防护措施及注意事项
1. 2# 瓦轴承盖在整个吊装过程中不允许任何人站在 2# 瓦轴承盖下方。 2. 不要因为缆绳的角度缩短倒链，否则倒链或吊索将超过其设计张力。 3. 系紧 2# 瓦轴承盖水平接头周围使用的任何工具、灯或其他物体。
通信指挥沟通方式
适用的通信沟通方式：无线对讲机
使用的吊索具（说明类型，载荷）
2t×2m 聚酯吊索（2 条） 2t×3m 起重链（2 条） 1″吊环螺栓（2 个）
吊装步骤说明
1. 根据吊装计划、吊装图安装吊索和倒链，使用重量和重心图纸（MLI 0407）和关键吊装计划中所示的 4 点附件布置，装配以准备拆除。 2. 将 2# 瓦轴承盖尽可能起高。 3. 使用合适的垫块，将 2# 瓦轴承盖放置在垫块上。
图纸/照片说明
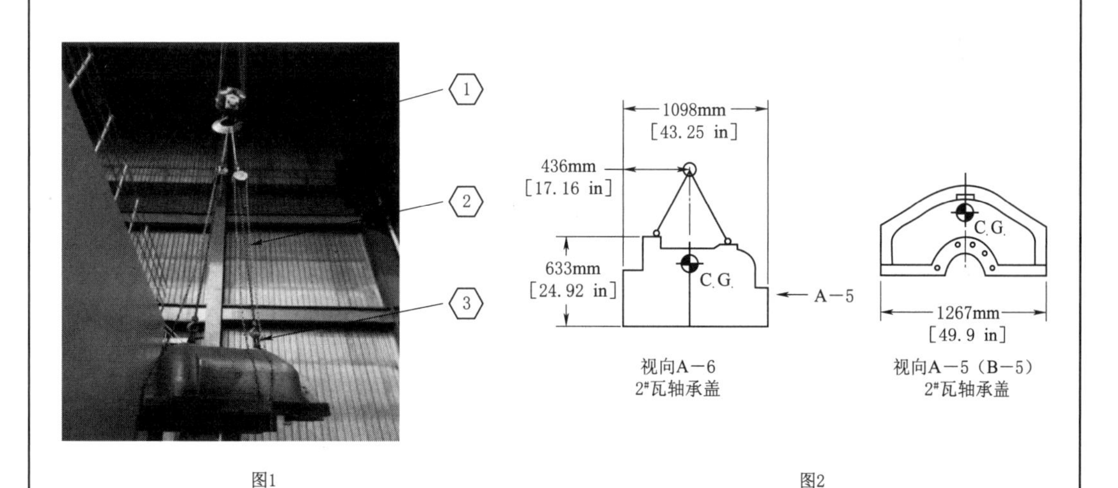 图1 图2

附录 11.19 一喷持环吊装方案

载荷信息（不得超载吊装作业）
载荷信息：质量＝477kg；长度＝2480mm，宽度＝1240mm
起重作业中特殊安全防护措施及注意事项
1. 一喷持环在整个吊装过程中不允许任何人站在一喷持环下方。 2. 不要因为缆绳的角度缩短倒链，否则倒链或吊索将超过其设计张力。 3. 系紧一喷持环水平接头周围使用的任何工具、灯或其他物体。
通信指挥沟通方式
适用的通信沟通方式：无线对讲机
使用的吊索具（说明类型，载荷）
1t×2m 聚酯吊索（2 条） 2t×3m 起重链（2 条） 3/4″吊环螺栓（2 个）
吊装步骤说明
1. 根据吊装计划、吊装图安装吊索和倒链，使用重量和重心图纸（MLI 0407）和关键吊装计划中所示的 4 点附件布置，装配以准备拆除。 2. 将一喷持环尽可能起高。 3. 将一喷持环按照定制图位置放置。
图纸/照片说明

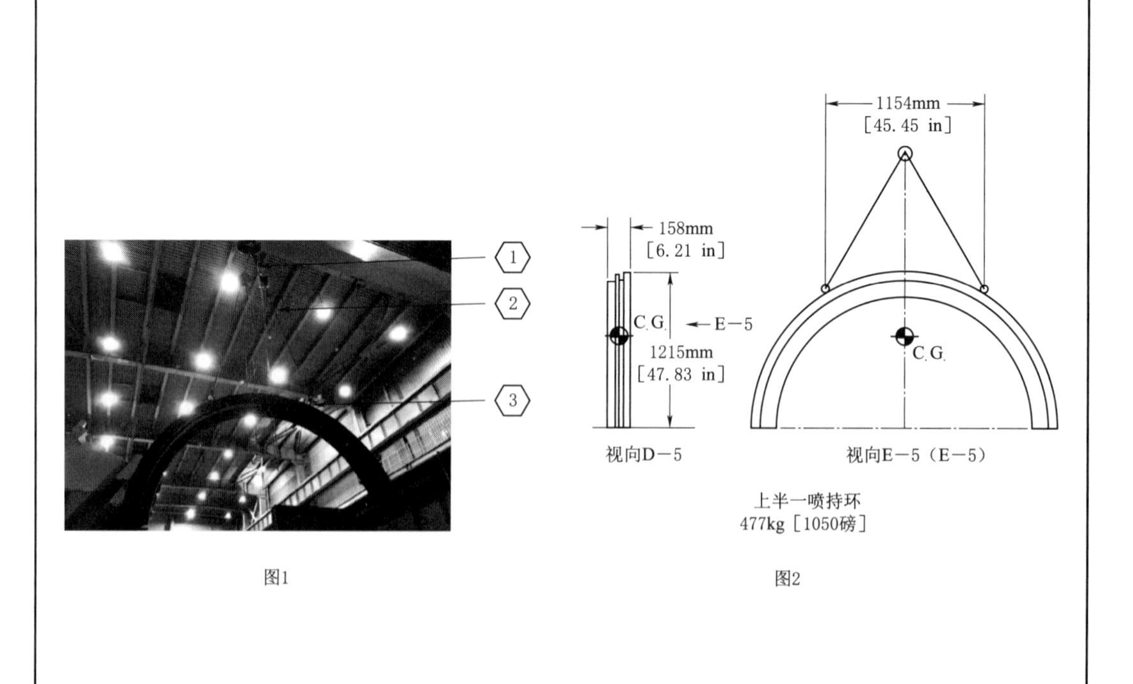

图1

图2

附录 11.20 一喷吊装方案

载荷信息（不得超载吊装作业）
载荷信息：质量＝960kg；长度＝3200mm，宽度＝1600mm
起重作业中特殊安全防护措施及注意事项
1. 一喷在整个吊装过程中不允许任何人站在一喷下方。 2. 不要因为缆绳的角度缩短倒链，否则倒链或吊索将超过其设计张力。 3. 系紧一喷水平接头周围使用的任何工具、灯或其他物体。
通信指挥沟通方式
适用的通信沟通方式：无线对讲机
使用的吊索具（说明类型，载荷）
1t×2m 聚酯吊索（2 条） 2t×3m 起重链（2 条） 1″吊环螺栓（2 个）
吊装步骤说明
1. 根据吊装计划、吊装图安装吊索和倒链，使用重量和重心图纸（MLI 0407）和关键吊装计划中所示的 4 点附件布置，装配以准备拆除。 2. 将一喷尽可能起高。 3. 将一喷按照定制图位置放置。
图纸/照片说明

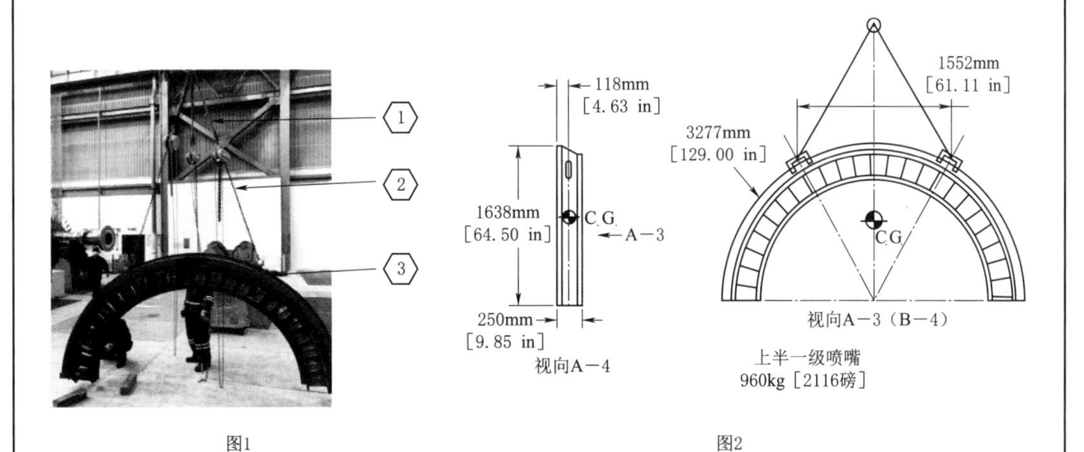

图1 图2

附录 11.21 压气机缸吊装方案

载荷信息（不得超载吊装作业）
载荷信息：质量=8752kg；长度=2247mm，宽度=2828mm
起重作业中特殊安全防护措施及注意事项
1. 压气机缸在整个吊装过程中不允许任何人站在一喷下方。 2. 不要因为缆绳的角度缩短倒链，否则倒链或吊索将超过其设计张力。 3. 系紧压气机缸水平接头周围使用的任何工具、灯或其他物体。
通信指挥沟通方式
适用的通信沟通方式：无线对讲机
使用的吊索具（说明类型，载荷）
5t×2m 聚酯吊索（4 条） 10t×3m 起重链条（4 条） 1-1/8″×3m 吊索钢丝绳（4 条） 8t 卸扣（4 个）
吊装步骤说明
1. 根据吊装计划、吊装图安装吊索和倒链，使用重量和重心图纸（MLI 0407）和关键吊装计划中所示的 4 点附件布置，装配以准备拆除。 2. 将压气机缸尽可能起高。 3. 使用合适的垫块，将压气机缸放置在垫块上。
图纸/照片说明
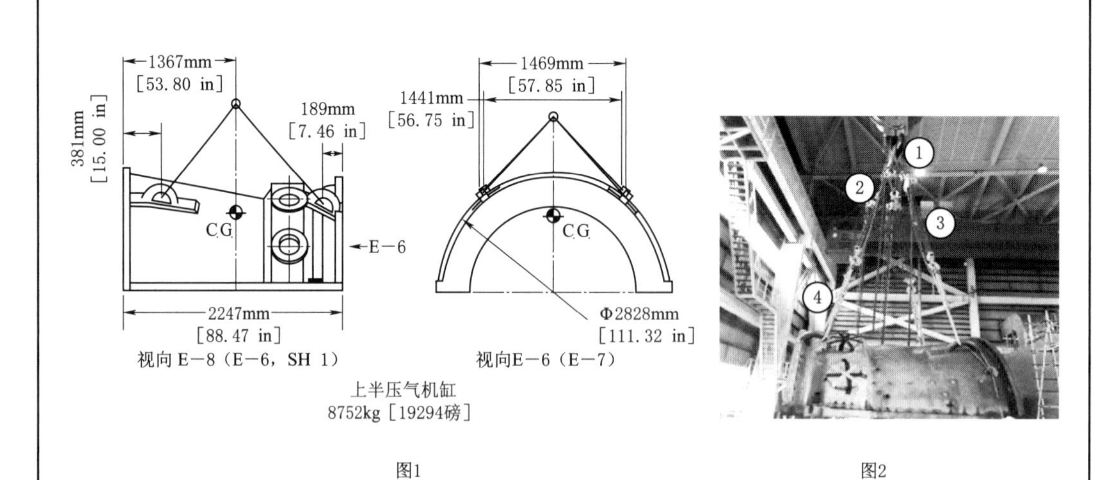 图1 图2

附录 12　转子起吊安全技术措施

为确保 2# 燃机转子吊装工作期间不发生人身和设备事故，特制订本措施。参加该项工作的人员必须熟悉本措施。

一、本措施编制依据

GE 公司 9FA 燃机有关技术资料、《电业安全工作规程》及检修文件包。

二、主要技术参数

燃机转子重量：77.5t。
吊具重量：7.5t。
总起吊重量：85t。
行车额定荷载：90t。
转子重力中心：从透平排气端侧接箍端面往发电机方向大约 4541mm。
转子总长：10035mm。
转子最大直径处（三级动叶直径）：3392.7mm。

三、组织措施

检修队伍参加人员如下：
总负责：×××
吊装负责人：×××
现场起重指挥：×××
安全员：×××
电厂参加人员如下：
检修部：×××
安监部：×××
行车维保：×××
行车工：×××
检修队伍人员职责：全面组织、协调、指挥本次燃机转子吊装工作，负责本措施的贯彻落实工作，对准备工作组织质量检查与验收工作。

电厂参加人员职责：协调、配合乙方本次转子吊装工作，负责行车检查、试验与验收工作，负责现场的警戒工作，检查督促本措施的贯彻落实。

四、转子吊装前必须具备的条件

1. 修前数据的测量工作完毕，并正确无误，无疑问。

2. 行车、起重吊索、吊具、吊梁、转子支架等检查完毕，并完好，通过检测与试验，无易掉落的异物。

3. 参加吊装人员熟悉本措施，分工明确，重物行走路线、摆放位置明确。

4. 靠背轮连接螺栓、轴瓦上半等均已经拆除。

五、安全措施

1. 现场在吊运通道设立警戒区域，非工作人员严禁进入该区域。甲方参加吊装人员原则上需要征得现场吊装总负责人同意后，在监护下进入警戒区域检查。行车吊运重物应走吊运通道。

2. 起吊工作应由专人指挥，起重指挥人员与行车司机要密切协作，加强联系，指挥与协作要协调。现场准备四部电源充足的对讲机，两部行车司机用，另外两部起重指挥用（一用一备）。

3. 行车上设置有经验的电气、机务维修工各一名，以便紧急情况下及时消除行车缺陷。

4. 行车检查。

4.1. 制动器、限位开工、操作手柄、过流保护等检查试验可靠。

4.2. 负荷试验无异常。

4.3. 控制回路检查无异常，电源可靠。

5. 行车操作。

5.1. 行车操作员应熟悉行车的构造与技术性能，熟悉操作规程，熟悉安全、防护装置的性能。

5.2. 在作业过程中，无关人员不得进入司机室，操作员必须集中精力。未经指挥人员许可，操作人员不得擅自离开操作岗位。

5.3. 操作员应按指挥人员的指令正确操作，对违章指挥、指挥信号不清楚或有危险时，操作员应拒绝执行并立即通知指挥人员。操作员对任何人发出的危险信号，均必须听从。

5.4. 操作员在每个动作前，均应发出戒备信号。吊物下严禁站人。

5.5. 行车操作中，如遇突然停电，应将控制器恢复零位，然后切断电源，通知并等待处理。

5.6. 行车操作中不得边行走边升降。

6. 指挥人员发出的指挥信号必须清晰、准确。必须一人指挥，指挥人员应站在操作员能看清指挥信号的安全位置上，指挥人员不准戴手套指挥行车。

7. 吊运过程中，禁止在汽轮机、发电机的上方行走。

8. 转子两头必须系牢固的拉绳牵引，吊运中不摇摆、不旋转。

9. 重物下严禁站人或有人员穿越。

10. 吊具检查：检查钢丝绳完好，无断股、锈蚀、缠绕现象；U 形环、调整螺栓必须经过着色检查，无损坏，调整灵活，调整行程满足要求；专用横担无裂纹、变形及其他异常。

11. 钢丝绳安全系数满足规程要求。吊装中钢丝绳受力均匀，转子平衡。

12. 杜绝习惯性违章作业。检修现场严禁违章作业，任何人发现违章作业都有权提示和制止。

13. 双方安全人员随时检查工作人员在工作过程中的不安全行为和不安全状态。重点检查劳动防护用品的使用、安全措施的正确执行、电动工器具的正确使用、安全措施的落实情况，制止违章和野蛮作业。

14. 保持现场的安静，现场人员不得大声喧哗。配合人员必须集中精神，听从指挥，发现异常大声报告。

六、技术措施

1. 转子起吊用的专用横梁吊点的设定：压气机侧的横梁吊点与横梁端部距离为 850mm，透平侧的横梁吊点与端部的距离为 1290mm。

2. 在 1$^{\#}$、2$^{\#}$ 轴承位置处安装转子轴向和横向导向架。

3. 转子支架的摆放要求：转子两个支架的横向位置要求平行，根据轴承中心的轴向位置，调整好支架的距离。

4. 转子起吊横梁和索具的组装，根据 GE 提供的图纸 127E3651 进行横梁和索具的组装。具体零件清单请见第 9 页，根据现场的实际情况，绑扎在转子上的 U 形吊具不能满足现场的要求。现场已对其进行的修改，具体是：在压气机侧用 25t3m 的高强度的吊带代替 U 形吊具，在透平侧用 2in3m 的钢丝绳代替 U 形吊具。

5. 转子处的吊点的绑扎位置：前端绑扎在压气机侧转子推力盘前侧，后端绑扎在 2$^{\#}$ 轴径的前侧。具体位置请看第 7 和 8 页的图片。

6. 在转子透平端挂钢丝绳处垫橡胶板，以保护转子。

7. 缓缓起吊转子，并调整起吊重心和水平。检查确定安全可靠情况下，将转子吊离。

8. 转子的重心和水平调整好后，缓慢起吊转子大约 10mm，静止 5min，专业厂家检查吊车的状况，现场宏观检查锁具情况，双方确保无任何问题后方可起吊。

9. 在吊装过程中，应派专人负责监视动静部分，一旦发现有碰擦应立即停止，并查明原因再进行操作。

10. 转子吊出后应按指定的路线进行行走，将其缓慢放在转子专用支架上，并用警示带隔离。

11. 防行车滑钩的紧急处理措施：

11.1. 吊装前再一次将液压制动器闸瓦打开，调整刹车轮与闸瓦的间隙至最小位置。

11.2. 如遇滑钩等紧急情况，首先手动操作行车液压制动器，进行紧急制动。

11.3. 操作员立即将操作手柄归于零位，然后再立即转至一档（上）来停止滑钩。

11.4. 如以上措施无法停止滑钩，则按动紧急开关，将断开总电源开关，行车自动抱死刹住。

压气机侧吊带的绑扎位置

透平侧钢丝绳的绑扎位置

衡梁和吊具组装零件清单

A09H	127E3651G0001	1	EA	LIFTING ARRANGEMENT
1	193D4625G0002	1	EA	LIFTING BEAM - HP/LP ROTORS
2	314A2652P0010	4	EA	TURNBUCKLE
3	284A7888P0004	4	EA	SHACKLE
4	284A7888P0005	8	EA	SHACKLE
5	284A7888P0006	4	EA	SHACKLE
6	N63P0059	4	EA	USE N63P00059
7	U919D175BL078	4	EA	WIRE ROPE
8	U919D200TL152	2	EA	WIRE ROPE
9	U919D125BL132	4	EA	WIRE ROPE
10	U919D125BL145	4	EA	WIRE ROPE
11	U919D125BL072	4	EA	CABLE SLING
12	U919D125BL099	4	EA	WIRE ROPE
13	U919D100BL140	4	EA	CABLE SLING
14	314A2652P0012	4	EA	TURNBUCKLE
15	25t×3m	1	EA	SLING POLYESTER
16	2″×3m	1	EA	WIR ROPE
17	355A9847P0001	3	EA	RETAINERS
18	N14P39064	6	EA	SCREW，CAP HEX HD
19	284A7888P0007	16	EA	SHACKLE 21/2″

燃机转子起吊作业现场确认表

检修队伍负责人确认点

1. 行车相关证明 □
2. 花篮螺栓 NDT 检查报告 □
3. 转子吊梁及支架检查 □
4. 起吊工具检查（卸扣、钢丝绳、柔性吊带等） □
5. 转子检查 □
6. 转子导向架检查 □
7. 转子起吊作业措施告知 □

确认人：__________日期：

行车维保人员确认点

1. 行车起吊前检查 □
2. 行车起吊工作注意事项 □

确认人：__________日期：

行车工确认点

1. 行车起吊前检查 □
2. 行车重量及相关注意事项 □

确认人：__________日期：

电厂负责人确认点

1. 工作人员对起吊措施了解 □
2. 安全通道及逃生通道畅通 □

确认人：__________日期：

转子吊装示意图

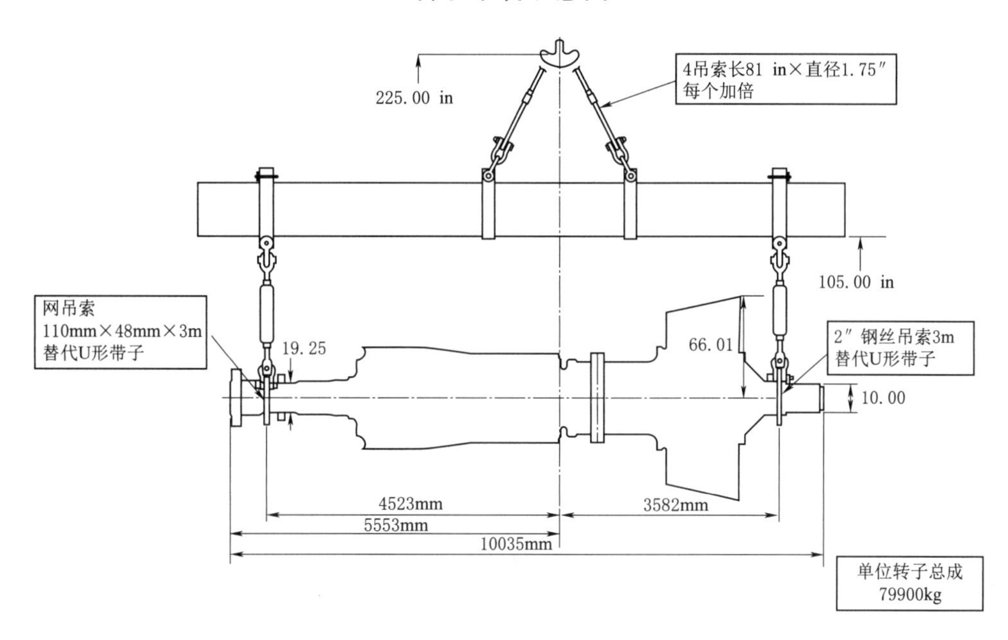
225.00 in
4吊索长81 in×直径1.75″
每个加倍
105.00 in
网吊索
110mm×48mm×3m
替代U形带子
19.25
66.01
2″ 钢丝吊索3m
替代U形带子
10.00
4523mm
3582mm
5553mm
10035mm
单位转子总成
79900kg

附录 13　过渡段鱼嘴间隙检查表

测量单位：mm　　修前 □　　　修后 □

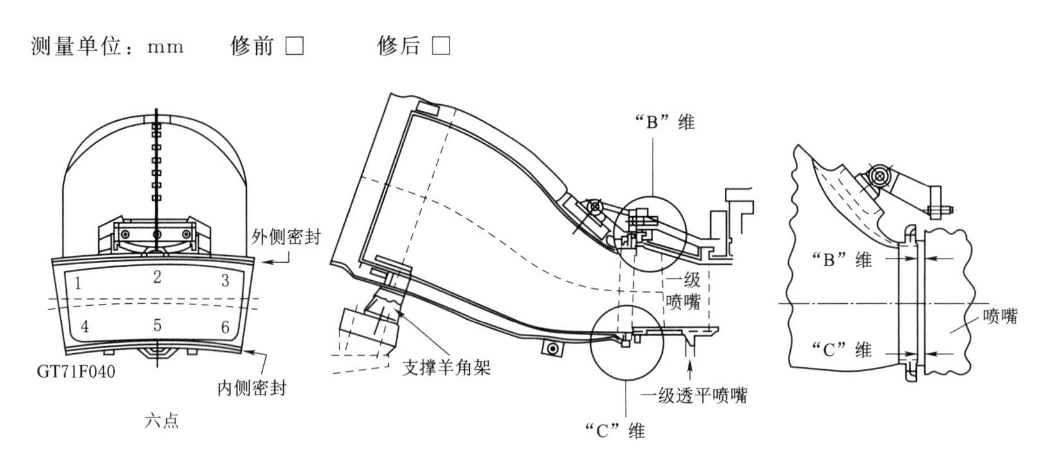

过渡段号 \ 测量位置	1	2	3	4	5	6
1						
2						
3						
4						
5						
6						
7						
8						
9						
10						
11						
12						
13						
14						
15						
16						
17						
18